华西心理卫生系列丛书
老年情绪问题患者及家属手册

主　编　王　雪　况伟宏
副主编　黄国平　黄雪花

编　委（按姓氏笔画排序）

王　雪　四川大学华西医院
龙　江　四川大学华西医院
吕新明　彭州市第四人民医院
伏　瑕　四川大学华西医院
杨君兰　彭州市第四人民医院
吴建桦　眉山市中医医院
汪辉耀　四川大学华西医院
宋小珍　四川大学华西医院
况伟宏　四川大学华西医院
罗　亚　四川大学华西医院
祝喜福　乐山嘉州精神病医院
夏　倩　四川大学华西医院
高　霞　四川大学华西医院
陶庆兰　四川大学华西医院
黄　霞　四川大学华西医院
黄国平　川北医学院附属精神卫生中心
黄雪花　四川大学华西医院
彭祖贵　四川大学华西医院
蒋莉君　四川大学华西医院

秘　书　吴建桦

人民卫生出版社
·北京·

图书在版编目（CIP）数据

老年情绪问题患者及家属手册 / 王雪，况伟宏主编
. -- 北京：人民卫生出版社，2021.2
（华西心理卫生系列图书）
ISBN 978-7-117-31264-6

Ⅰ.①老…　Ⅱ.①王…②况…　Ⅲ.①老年人 - 心理
保健 - 手册　Ⅳ.①B844.4-62②R161.7-62

中国版本图书馆 CIP 数据核字（2021）第 028492 号

人卫智网	www.ipmph.com	医学教育、学术、考试、健康，
		购书智慧智能综合服务平台
人卫官网	www.pmph.com	人卫官方资讯发布平台

华西心理卫生系列图书
老年情绪问题患者及家属手册
Huaxi Xinli Weisheng Xilie Tushu
Laonian Qingxu Wenti Huanzhe ji Jiashu Shouce

主　　编：王　雪　况伟宏
出版发行：人民卫生出版社（中继线 010-59780011）
地　　址：北京市朝阳区潘家园南里 19 号
邮　　编：100021
E - mail：pmph @ pmph.com
购书热线：010-59787592　010-59787584　010-65264830
印　　刷：北京顶佳世纪印刷有限公司
经　　销：新华书店
开　　本：787×1092　1/32　印张：5
字　　数：92 千字
版　　次：2021 年 2 月第 1 版
印　　次：2021 年 5 月第 1 次印刷
标准书号：ISBN 978-7-117-31264-6
定　　价：39.90 元
打击盗版举报电话：010-59787491　E-mail: WQ @ pmph.com
质量问题联系电话：010-59787234　E-mail: zhiliang @ pmph.com

前　言

　　"夕阳无限好,只是近黄昏",老年人是一个特殊的群体,面对各项生理功能的逐步衰退,心理功能也开始一步步走下坡路。老年人常常会面对退休综合征的困扰,空巢家庭和独居问题也日益凸显,再加上丧偶和再婚面临的心理困扰,使得这个群体的心理卫生问题逐步引发了社会的关注。随着人均寿命的延长,我国老年人口比例逐年增加,重视老年人的心理健康已经成为提高全民心身健康的重要组成部分。老年人出现心理问题,除了需要专业的医生介入外,家人和亲戚朋友的关爱也非常重要。照顾老年人是一项需要付出努力和耐心的艰巨工作,对于照料者而言,学习相关的心理学知识,掌握相关的沟通技巧,可以让老年人的情绪问题得到更好的解决。

　　本书着重描述了老年人常见的情绪问题,并就如何解决这些问题从医疗护理和家庭护理角度提出了有益的建议,希望能够对老年人及其家人有所帮助。本书的编者均是多年来从事老年心理临床和科研工作的精神科、心理科医生、护理人员以及神经心理康复师等,本书涵盖老年人情绪问题的特点、疾病诊治以及疾病康复照料等方面内容,希望老年人及其家人、照料者以及从事疾病管理的人员,能够通过本书的学习来提高针对老年情绪问题的心理应对能力和适应能力，让老年人的晚年生活更加幸福。

由于作者水平和时间所限，书中错误在所难免，敬请读者指正。

王　雪

2021 年 4 月

目 录

第一篇 老年期情绪问题概述

1 如何看待老年人的自我概念 / 003

2 老年人有哪些性格方面的变化 / 005

3 老年人有哪些情绪、情感方面的变化 / 006

第二篇 老年期抑郁症

案 例 袁奶奶的故事

1 老年人也会得抑郁症吗 / 011

2 老年期抑郁症有什么特点 / 012

3 生活中应该如何识别老年期抑郁症 / 013

4 抑郁症还有其他的表现形式吗 / 014

案　例　李女士的故事

5 什么是老年期隐匿性抑郁症 / 016

6 老年期隐匿性抑郁症有哪些特点 / 017

7 老年期抑郁症的治疗方法有哪些 / 019

8 老年期隐匿性抑郁症的治疗方法有哪些 / 021

9 如何识别及预防老年期抑郁症患者的自杀 / 023

10 如何保证老年期抑郁症患者的睡眠 / 024

11 如何做好老年期抑郁症患者的饮食护理 / 026

12 如何做好老年期抑郁症患者的心理护理 / 026

13 如何做好老年期抑郁症患者的排泄护理 / 027

14 如何做好老年期抑郁症患者的用药护理 / 028

15 老年期抑郁症患者家属如何进行心理调适 / 028

第三篇 老年期焦虑性障碍

案 例 晴天与雨天

1 引发老年期焦虑性障碍的危险因素有哪些 / 033

2 老年期焦虑性障碍的典型临床表现有哪些 / 034

3 老年期焦虑性障碍的自我诊断 / 035

4 什么是急性焦虑 / 036

5 老年期焦虑性障碍的治疗 / 037

案 例 曾婆婆的故事

6 老年期焦虑性障碍的心理辅导 / 040

7 老年期焦虑性障碍的治疗过程以及药物与健康维护的
  关系 / 041

8 老年期焦虑性障碍患者如何缓解焦虑 / 042

第四篇　老年期双相情感障碍

1　什么是双相情感障碍 / 048

2　老年期双相情感障碍的特点 / 049

3　哪些情况更容易引发老年期双相情感障碍 / 049

4　出现躁狂就一定是双相情感障碍吗 / 050

5　老年期双相情感障碍有哪些治疗方法 / 050

6　老年期双相情感障碍的预后如何 / 052

案　例　王婆婆的故事

7　面对双相情感障碍的老年人，家人需要特别关注
　什么 / 057

8　面对双相情感障碍的老年人，如何识别自杀倾向 / 060

9　面对双相情感障碍的老年人，如何预防其自杀
　行为 / 061

10　如何帮助双相情感障碍的老年人康复 / 061

第五篇　老年情绪障碍伴发躯体症状

1　如何做好情绪障碍伴发躯体症状老年人的家庭
　　护理 / 067

2　如何处理情绪障碍伴发的睡眠问题 / 069

3　如何处理情绪障碍伴发的便秘问题 / 071

4　如何处理情绪障碍伴发的食欲下降问题 / 072

第六篇　老年期心境恶劣

案　例　刘大爷的故事

1　如何判断心境恶劣 / 078

2　什么人容易出现心境恶劣 / 079

3　心境恶劣与其他疾病的区别 / 079

4　如何治疗心境恶劣 / 080

第七篇　老年丧失

案　例　*李爷爷的故事*

1　什么是老年丧失 / 085

2　老年人会面临哪些丧失 / 085

3　老年丧失对老年人的影响 / 088

4　面对老年丧失,老年人自身的应对策略 / 089

5　面对老年丧失,家人或照顾者的应对策略 / 091

第八篇　家庭代际关系问题

案　例　*孙婆婆的故事*

1　什么是家庭代际关系 / 095

2　家庭代际关系与老年情绪问题的关系 / 096

3　家庭代际关系问题引发的老年情绪问题的
　应对措施 / 099

第九篇 退休综合征

案　例　老李的故事

1 什么是退休综合征 / 103

2 影响退休综合征的形成因素 / 104

3 老年人应该如何应对退休综合征 / 105

4 家人应该如何帮助老年人应对退休综合征 / 107

5 退休老年人如何合理寻求和利用社会支持 / 108

第十篇 空巢综合征

案　例　陈婆婆的故事

1 什么是空巢现象和空巢综合征 / 113

2 空巢综合征的心理调适和康复 / 114

第十一篇　其他老年期常见问题

1　老年人再婚问题 / 118

案　例　窦婆婆和杨阿婆的故事

2　老年人被虐待或被遗弃问题 / 123

案　例　张婆婆和张大爷的故事

3　老年期性问题 / 129

案　例　王大爷的故事

4　保健品问题 / 133

案　例　杨婆婆的故事

5　睡眠障碍问题 / 140

第一篇

老年期情绪问题概述

据 2019 年数据显示,我国 60 岁及以上的老年人口占总人口的 18.1%,这意味着我国已经进入了老年型国家的行列。这一方面反映了随着我国人民生活水平和健康水平的提高,使人均寿命得以延长;另一方面,人口老龄化已经成为关系国计民生的重要社会问题。

调查显示,中国人均寿命不短,但健康寿命却不长。我们的平均寿命已接近发达国家水平,但健康寿命却和发达国家存在差距。导致这种状况的主要原因之一是老年人普遍存在心理卫生问题:首先,老年期的各种精神疾患,如老年性痴呆(阿尔茨海默病)、老年期情绪障碍等,这些不仅严重影响了老年人的健康,也给他们的家庭带来了许多烦恼和痛苦;其次,老年期特有的社会心理卫生问题,如离退休综合征、丧偶问题、代际问题等也大大降低了老年人的生活质量。

人们常常将人生中的老年阶段比喻为夕阳,人到老年就像日落西山,因此许多老年朋友不免感到失落与自卑,负性情绪接踵而至。如何根据自己的心理特点积极开发自身资源、开创新的生活方式,将成为全社会关注的焦点。

人人都会有步入老年的一天,都需要面对岁月给我们带来的生理上和心理上的老化。我们建议:为了您家里的老人和您自己将来能拥有温馨幸福的老年生活,请关注并了解老年期的心理卫生知识。

我们倡议:以预防为主,积极普及老年心理卫生知识,开展老年心理疾患防治工作。避免老年社会心理问题所致的不良后果，降低老年心理疾患造成功能衰退的危险因素，延长老年人的健康寿命，提高生命质量。

① 如何看待老年人的自我概念

随着年龄的增长，老年人可能面临各种丧失性应激，这其中非常重要的一点是老年人如何看待自己的变化，即社会角色、社会地位和经济状况等的变化。同样面对丧失性应激，为什么有的人会被击垮，有的人却能逐渐适应新的生活方式？这其中就涉及老年人如何看待自我概念的问题。

自我概念的形成在人生发展中十分重要，一个自我概念发展不健全的人，其人际关系、个人行为方式以及情绪、情感等都会出现紊乱。老年人的自我概念表现为我是否老了；是否有价值；我的生活中还有什么希望等。那些离退休的老年人认为自己老了，其在社会和家庭中所肩负的责任和地位也发生了改变，社会角色由之前的参与者变为现在的旁观者,生活节奏也由忙碌变为清闲,生活突然出现大段空白,这时老年人会更加强调、关注自己衰退的现象,过度关心自我感觉和情绪变化,常常沉浸于自己过去的辉煌和成就中,并且特别敏感,对自己是否被尊重非常在意,一句平常的玩笑话就可能引发老年人的情绪大变,甚至为自我保护而出现类似"倚老卖老"的行为。有些老年人对自己变老的事实有所觉察,但又常常予以否认,对自己仍然抱着较高的期望,结果期望越大,失望越大,加重了自我否定。存在消极自我概念的老年人对日常生活失去了积极性,对未来不抱有希望和梦想,只是对生存有一种留恋而已。

由于老年人自我概念的不同,他们的生活质量也就不同,体验到的主观幸福度、生活满意度等亦不同。能接纳自身生理老化的老年人更能自我悦纳、自我肯定,能主动去适应角色的改变,调整自己的角色行为。自我概念完善的老年人能很好地融入群体,平等、和谐地与人相处,因而身心愉快;反之,自我概念不完善的老年人则易出现角色适应不良等问题,甚至产生各种各样的情绪障碍。

2　老年人有哪些性格方面的变化

老年人的性格变化因人而异,一般具有稳定和连续的特点,有的老年人过去就是固执保守的性格,进入老年期后更加偏执;有的老年人过去就是消极内向的性格,进入老年期后更加封闭、孤僻。由于生理因素、社会心理因素、认知和人生阅历的影响,性格也会发生一些改变,如有的老年人过去脾气暴躁、争强好胜,进入老年期却变得豁达宽容、随和谦虚;有的老年人过去宽容、大度,进入老年期却变得小气固执、敏感多疑,常为小事发脾气;有的老年人过去乐观积极,进入老年期却因失去社会地位和经济地位而变得多愁善感、消极抑郁。

有的老年人对周围不信任,自尊心增强,特别担心别人看不起他,因而常计较别人的言谈举止,对称呼以及晚辈的言行特别在意,严重者认为别人居心叵测。有的老年人变得心胸狭隘,甚至会出现与孩子争夺电视观看权的情况,一旦其他人没有满足自己的要求,就会认为是儿女不孝,或暴怒,或伤心,或抑郁。

老年人多有一种希望被尊敬、被承认的心理需要,若能得到赞扬和承认,受到尊重,则他们在生活中会常常感到愉悦。

我们将童年看作人生的起点,人与人几乎没有差异,无论是谁,笑或哭都有相似的含义;当我们进入老年期,其实是另一段人生的开始,退出和职业相关的社会角色时,老年人的社会地位和社会价值逐渐下降。如果老年人能正确看待自己的生理老化,同时接纳伴随着生理老化出现的某些心理功能下降,了解在生命衰老的同时仍包含有生长,那么他们就能保持良好的心态和情绪,拥有坚强的意志和良好的性格。

③ 老年人有哪些情绪、情感方面的变化

步入老年期,从生理的改变到社会环境的改变,使许多老年人深深地体会到一种失落感,容易出现消极、烦躁、悲伤、害怕、不满等情绪,情感也变得相当脆弱。有些老年人暴躁、易怒,难以控制自己的情绪,对看不顺眼的人和事喜欢站出来指责,过分激动易诱发心脑血管疾病。但更多的老年人在情绪上趋于平和,冲动性降低,但是产生了某种情绪后持续时间较长,所以生活中我们能见到有的老年人生气后很难化解。

退休后的老年人,其社会活动范围变得狭窄,与外界交流减少,对家庭依赖性增强,他们希望家庭幸福美满,能享受天伦之乐,子女能常围聚在自己身边。如果子女因忙于工作而很少回家陪伴父母,那么老年人就容易产生孤独感,甚至会情绪低落,产生无望、无助和无价值感等,丧偶和空

巢家庭的老年人更是如此。

老年人常见的情绪障碍有老年期抑郁症、老年期焦虑性障碍、老年期双相情感障碍和老年期心境恶劣,还有些常见的社会心理卫生问题伴发的情绪障碍等,在本书中会进行详细讲述。

在老年群体中,约 15% 可以实现健康老龄化,约 15% 会发生病理老化,约 70% 属于一般常态老年人,也就是说至少 85% 的老年人的心理健康状况需要得到改善和提高。因此,建议老年人和老年人的家属应理解老年期情绪障碍的发生发展规律,了解早期识别老年人情绪障碍的方法,以及带老年人就诊、实施家庭护理的相关情况,从而促进具有情绪障碍的老年人群的社会功能康复。

（王雪　吕新明　伏瑕）

第二篇

老年期抑郁症

案 例

袁奶奶的故事

　　袁奶奶今年74岁,是由平车推进医院的,她鼻子里插着胃管,面无表情,一副生无可恋的样子。袁奶奶对于医生的大多数提问都不予回答,偶尔的回答也只是摇头而已,对于所有的检查都采取回避和拒绝的态度,但不解释原因。

　　无奈之下我们转而询问其家属(儿子与老伴儿),家属说患者既往身体很健康,但儿子最近要出国深造,可能时间较长,想到父亲身体不大好,怕在家里有个闪失,于是随口提出想把二老送到拥有医疗照护服务的养老院。袁奶奶当晚便辗转反侧,不停地叹气。

　　十多天后,袁奶奶开始出现晨起不愿梳洗的情况,吃饭的时候即便是坐在餐桌前,也是半天不动筷子,饭粒掉在嘴边、饭桌都不自知。此后,袁奶奶整日唉声叹气,反复和老伴儿诉说觉得儿子不要他们两个老人了,自己活着没意思。有些时候还会像交代后事一样,告诉老伴儿家里的存折密码、孙子衣服的尺码,叮嘱老伴儿千万不要忘了,有时说着说着袁奶奶就会流下眼泪。

又过了一段时间,袁奶奶的话更少了,可以大半天不变换姿势、面无表情地待着,有时甚至会一天都不起床;也不再主动诉说饥饿,有时一天只吃一顿饭,而且饭量很少。家人觉得情况不妙,立即将袁奶奶送往附近的综合医院,在按照一般内科疾病诊治、用药后,袁奶奶的情况改善并不明显,于是医生建议家属带袁奶奶去看心理科。经过心理医生的悉心治疗,袁奶奶在入院 25 天后面带笑容,拄着拐杖出院了。

为什么袁奶奶会出现这样戏剧性的变化,袁奶奶到底出了什么问题? 这其实是老年期抑郁症在作怪。

1 老年人也会得抑郁症吗

是的,老年人也会得抑郁症,并且这种情况比较常见。我们无须将抑郁症视为洪水猛兽,得了抑郁症并不代表自己很脆弱。抑郁症是一种情绪障碍，主要表现为情绪低落了、活动减少、兴趣降低，哪怕对于自己以前很感兴趣的爱好也是如此。上述症状的出现可以有原因，也可以没有原因，有的还伴随睡眠质量差、早醒等问题，还可能出现食欲下降。抑郁症患者的自我评价是降低的，患者通常认为自己不中用了，是家人的拖累，如案例中的袁奶奶，误解了儿子的意思，

认为儿子厌烦他们。抑郁症患者很容易曲解别人的行为，再严重一点儿还可能出现偏执的想法，会觉得自己罪大恶极，需要其他人来惩罚自己以便"赎罪"，最糟糕的结果是用各种方法结束自己的生命。

抑郁症不是绝症，很大一部分患者经过及时救治是可以缓解，进而恢复健康的，就像袁奶奶一样。

② 老年期抑郁症有什么特点

老年期抑郁症严格地说是指首次发病于 60 岁以后，以持久的抑郁心境为主要临床表现的一种精神障碍，不是躯体疾病或脑器质性疾病引起的，但可以和这些疾病同时存在。抑郁是一种负性、不愉快的情绪体验，以情感低落、哭

泣、悲伤、失望、活动能力减退，以及思维认知功能迟缓为主要特征。老年人抑郁状态持续超过两周就应及时治疗；如不及时治疗，则很容易加重老年人常见的躯体疾病，如心肌梗死、高血压、冠心病和癌症等。

3 生活中应该如何识别老年期抑郁症

以下表现如果出现 4 条及以上，要考虑抑郁症的可能性，但最终的诊断需要由专业医生做出。

(1)对日常生活丧失兴趣，无愉快感。

(2)精力明显减退，无原因的持续疲乏感。

(3)动作明显缓慢，易发脾气。

(4)自我评价过低、自责或有内疚感，严重感到自己犯下了不可饶恕的罪行。

(5)思维迟缓或自觉思维能力明显下降。

(6)反复出现自杀观念或行为。

(7)失眠或睡眠过多。

(8)食欲不振或体重减轻。

(9)性欲明显减退。

如果家中的老人出现了上述表现，家人千万不要忽视，认为老人只是最近没睡好、正在怄气，过段时间就好了，而是应该及时带老人去心理门诊就诊。有些躯体疾病也会使老年人表现为行动缓慢、活动少、话语少,比如甲状腺功能减退,但不要因此忽略可能共同存在的抑郁症状。

4　抑郁症还有其他的表现形式吗

　　案例中袁奶奶所患的是抑郁症中比较典型、常见的一种,称为迟滞性抑郁症。事实上,抑郁症有多种类型,如激越性抑郁症,有时会被误诊为焦虑性障碍,因为老年患者常产生没有缘由的不安、茫然、恐惧,终日担心有不好的事情发生,且患者通常会否认有抑郁的表现;还有隐匿性抑郁症,老年患者常怀疑自己的心脏、肺脏、气管、胃及肠道、尿道、头部等多个部位出现不适甚至疼痛,但辗转各个科室经过各种检查均未发现明显的器质性病变。

案 例

李女士的故事

　　李女士今年65岁,最近半年总是感到疲乏,每天躺在床上休息的时间比之前长很多,但还是觉得没有休息好。同时,她经常感到阵阵胸痛,心前区有一种不适感并到医院进行了检查,奇怪的是心电图、24小时动态心电图、冠状动脉造影等检查结果完全正常。然而,李女士仍然感到心慌,据她描述"像有什么东西抓挠心脏一样,让人惶惶不安"。李女士的心情也很不好,顾虑重重,还伴随睡眠质量下降、反应变慢、疲乏、食欲下降、腹胀、肠鸣、便秘或腹泻、腹内有气体游动等症状。

　　李女士觉得自己得了很重的疾病,反复就诊于心内科、急诊科、消化科,做了多项躯体检查,均未见明显异常。家人认为李女士没有病,无法理解她反复求医的行为,女儿更是认为李女士在"装病"。李女士觉得自己无法得到家人的理解,甚至因此产生过自杀的想法,又担心自杀会给家人带来伤害,所以并未付诸行动。

后来,在一位有经验的心内科医生的建议下,李女士尝试着去心理科就诊,医生认为李女士患了老年期隐匿性抑郁症。经过心理治疗和抗抑郁治疗,李女士最终康复了。

⋮

⑤ 什么是老年期隐匿性抑郁症

总体来讲,隐匿性抑郁症是以情绪低落为核心症状的情感性精神疾病。情绪低落以及与之相关的认知和行为障碍构成了抑郁症的心理学症状。除此之外,抑郁症还存在各种各样的躯体不适,即抑郁症的躯体化生物学症状。这些躯体症状是非特异性的,可见于多种内科疾病。

有一部分抑郁症患者的主诉以躯体不适为主,认为自己患了某种躯体疾病。有的患者在抑郁症明确诊断之前频繁出入各大医院,进行各种各样的检查,始终得不到明确的诊断。在临床工作中,我们将这种类型的抑郁症称为隐匿性抑郁症,如果上述情况发生于 65 岁以上人群,我们将其称为老年期隐匿性抑郁症。

隐匿性抑郁症是指有明显躯体症状的抑郁症,而且由于躯体症状十分明显，使得患者往往只注意到躯体症状而忽略了情绪问题，就好像躯体症状掩盖了抑郁情绪或抑郁情绪被隐匿了一样，很容易造成误诊。

6 老年期隐匿性抑郁症有哪些特点

人的情绪变化和身体状况密切相关，就如情绪直接影响胃肠功能活动，当人心情好时，食欲也好；反之则茶饭不思。长期的、持续的心情抑郁可引起全身各系统的不适感，如体力下降、无原因的疲乏、关节酸痛、头晕、头痛、胸闷、气短、呼吸不畅、心慌、心悸、食欲下降、恶心、腹胀、便秘、失眠、入睡困难、早醒等症状。

许多患者对这些躯体不适十分敏感，急于求治，要求进行各项检查以便明确自己得了什么病；有些老年人是在一定的精神刺激或者强烈的精神创伤之后起病的，原因往往被解释为"想不通"，患者及其家人很难想到这些病症的起因竟然是心情不好，即抑郁情绪被躯体症状掩盖了，有些患者反而会认为是自己的躯体不适导致心情不好。这就导致患者及家人往往只看到躯体不适，而忽略了情绪问题，以致在求治时只诉说躯体症状而未提及情绪症状。当这些患者一旦被确诊，应用抗抑郁药物进行治疗时，多数会在治疗几周后逐渐好转，如睡眠改善、食欲增加、体重恢复等。只有当病情好转,患者才会相信自己得了抑郁症。因此,当老年人出现慢性疼痛或原因不明的躯体不适时,要想到可能是患了隐匿性抑郁症,应该到精神科门诊进行诊治。

一般来说,隐匿性抑郁症患者具有以下四个临床特点。

(1)抑郁症状不明显:隐匿性抑郁症患者只是情绪低落,感到闷闷不乐,遇喜事而无法感到高兴,易激惹、敏感多疑、固执,对自己、对生活没有信心,总是感到不顺心,厌恶参加集体活动,喜欢独处。有的患者有轻度的无价值感,自认为对社会没做多少贡献。有时还表现为疲乏无力、反应迟钝、注意力不集中、记忆力减退、思维困难、自发言语明显减少。总之,他们总是感到"活得太累"。

(2)伴神经症症状:隐匿性抑郁症患者常伴有较多的神经症症状,主要是疑病症和强迫症的种种表现。有时患者会疑神疑鬼,尤其是怀疑自己得了重病,不断就医、检查也难释其疑;有时患者会有莫明其妙的空虚感、恐惧感、孤寂感和强迫感;有的患者常感生活索然无趣,整日唉声叹气,甚至以泪洗面,反复出现轻生的想法和行为。多数患者往往会被诊断为神经衰弱或神经症。

(3)躯体症状突出:隐匿性抑郁症患者常伴有多种多样的躯体症状,如顽固性失眠及早醒等睡眠障碍,伴健忘、乏力;无器质性病变的躯体疼痛;无明显诱因的腹胀、腹泻、厌食、恶心及胃部不适、心慌、心悸……但各种检查均正常。

(4)症状表现多样化:症状可以突然而来,也可以长期存在。患者常主诉较多,内容变化多,描述不清。有的患者出现焦虑、易怒,但把痛苦或情绪变化都归因于失眠、疲劳及躯体不适。

7 老年期抑郁症的治疗方法有哪些

针对老年期抑郁症,早期使用药物为三环类抗抑郁药,这类药物的治疗效果相对较好,但是常会出现视物模糊、口干、小便困难、便秘等不适。如果老年患者既往存在心脏、胃肠道方面的基础疾病,使用这类药物就需要格外注意。目前已经面世的新一代抗抑郁药,不良反应相对较少(但并非完全没有不良反应),且不良反应会随着服药时间的延长而减轻甚至消失。

即使是新一代的抗抑郁药也要两周左右才会出现效果，康复后患者还需要继续服用药物 6 个月至 1 年，以防复发。建议老年患者一定要遵循医嘱用药，不要擅自改变药物的用法、用量，更不要擅自停药。

总的来说，老年期抑郁症治疗比较困难，这可能与老年人的机体代谢情况有关，治疗时间有时比年轻患者更长，因此在治疗起效以前或者病情波动期间，家人要给予患者更多的关心和照顾。老年患者要树立治疗的信心，不仅要遵照医嘱用药治疗，还要积极进行正常的活动，将自己的生活变得丰富、充实。

虽然目前还不清楚抑郁症的病因，但有可能与患者病前的性格、遗传素质和社会心理因素等有关。老年期抑郁症患者病前性格多有固执和较真等特点，多数患者发病前有社会心理诱发因素，最常见的诱因是退休。

退休后，随着社会角色的转变，过去规律的生活、工作习惯被打破，社交圈变窄，很多老年人一时不能很好地回归家庭生活，有被社会抛弃的失落感；与此同时，长大成人的子女组建了新的家庭，很多老年人变成了空巢老人；其他负性生活事件也会不断出现，如配偶死亡、疾病缠身等，

这些都可能导致老年期抑郁症的发生。

对于老年期抑郁症患者,在接受规范药物治疗的同时,一定要得到心理支持,必要时还要接受专业的心理治疗,争取获得更好的康复。老年人需要得到家人、社区、社会全方位的关爱。

8 老年期隐匿性抑郁症的治疗方法有哪些

针对老年期隐匿性抑郁症的治疗方法有很多,常用的有药物治疗、物理治疗、电休克治疗及心理治疗等,可根据患者不同的抑郁情况,合理选择使用。

(1) 药物治疗: 老年期隐匿性抑郁症可以选择的抗抑郁药种类很多,选择性 5- 羟色胺再摄取抑制剂(SSRIs),如氟西汀、帕罗西汀、舍曲林,应用较广,且副作用小,安全性较高,有利于长期维持治疗。老年人使用 SSRIs 的副作用有过度抗利尿激素分泌作用、锥体外系副作用和心动过缓等。随着年龄增加,尤其是女性,在使用 SSRIs 时有可能出现暂时的、轻度的和无症状的低血钠。老年人使用 SSRIs 还可能出现药源性帕金森综合征,包括肌张力增高和静坐不能,这会加重特发性帕金森症的运动障碍。

5- 羟色胺及去甲肾上腺素再摄取抑制剂(SNRIs)是较新的抗抑郁药,如文拉法辛、米氮平等。SNRIs 因阻断了

5-羟色胺 2 受体和 5-羟色胺 3 受体,可减轻胃肠道反应,且避免了对性功能的影响,故易被老年男性患者所接受。SNRIs 对组胺受体有较强的亲和力而有明显的嗜睡副作用,对一些老年抑郁症患者不适宜,会影响其认知功能的恢复,但对于焦虑、烦躁、睡眠较差者,能改善其睡眠质量及焦虑情况,治疗效果较好、安全性高且服药方便。

对于老年期隐匿性抑郁症,各种三环类抗抑郁药效果不相上下,临床可根据抑郁及镇静作用强弱、副作用和患者的耐受情况进行选择。丙咪嗪和地昔帕明镇静作用弱,适用于精神运动性迟滞的患者。阿米替林、多塞平镇静作用较强,可适用于焦虑、激越和失眠的患者。但三环类抗抑郁药抗胆碱能和心血管副作用较大,应用时需注意。对于伴有幻觉、妄想的患者,往往需合并使用抗精神病药,如利培酮、奥氮平等。

(2)**物理治疗**:物理治疗的原理是通过提高 5-HT 的分泌量,促进去甲肾上腺素的释放,增强神经细胞活动的兴奋性,从而起到缓解个体抑郁情绪的效果。通过促进分泌具有镇静作用的内啡肽,能够使患者保持一种放松、舒适的精神状态,有利于更好地缓解之前消极、沮丧的情绪。另外,通过对患者脑电波的改善和各项生理指标的改善,起到对患者各项躯体症状的改善作用。目前,物理治疗方面国外比较成熟的方法是经颅微电流刺激疗法(CES)。

(3)**电休克治疗**:对于老年期隐匿性抑郁症患者,医生以及家人应严防其自伤和自杀行为。对于自杀观念强烈者，应用电休克疗法可获得立竿见影的效果，待患者病情稳定后再用药物进行巩固治疗。

（4）心理治疗：心理治疗在本病治疗中的地位十分重要，但通常与药物治疗结合使用。

对于老年期抑郁症患者，治疗、护理是一个长期的过程，他们除了在医院接受短时间的治疗、护理外，还需要在医院外，尤其是家庭中接受长时间的治疗、护理。家人对老年期抑郁症患者的护理就尤为重要，有研究显示家庭护理可以提高患者的生活质量。那么家人要从哪些方面对患者进行护理呢？又有哪些技巧呢？

9　如何识别及预防老年期抑郁症患者的自杀

老年期抑郁症患者在极度抑郁时常有自杀意念。患者在病情最严重时，可能没精力去执行自杀行为，而最有可能将其付诸行动的时间是在恢复期。当患者的抑郁情况开始减轻、精神运动迟滞得到缓解后，就有可能把自杀意念变成行动。所以，在恢复期时，家属应更加注意患者的安全。老年期抑郁症患者自杀的预防，关键在于准确、及时地评估患者的自杀危险，采取及时、恰当的护理措施，防止自杀行为的发生。

其实多数老年期抑郁症患者在自杀前会有一些先兆，如行为突然改变，将自己的财物送人，言语中流露出一些自杀意图，或情绪突然好转等，家人要学会掌握患者情绪变化的规律，尽量识别。对于危险物品，如刀、剪、玻璃器皿、药物等，家人应严格管理，不要让患者单独使用。不能让患者独自在家，应该有人陪伴患者，以减少其孤独感，同时要鼓励患者参加集体活动，这样才能让患者感到被关心、被尊重。

10 如何保证老年期抑郁症患者的睡眠

老年期抑郁症患者睡眠的好坏，常预示着病情的好转、波动或加剧。如何保证患者的睡眠呢？

很多人会将睡眠时间看的非常重要，认为只有保证夜间睡眠时间在 8 小时以上，才能叫睡眠好。其实对于老年人来说，这样的要求着实很难达到。如果将"睡眠好"的标准定义成这样，而老年人的夜间睡眠时间又没有达到8小时，他们就会认为自己睡眠不好，从而影响他们的情绪。老年期抑郁症患者及其家人应该重新认识睡眠卫生，不应片面追求8小时以上的夜间睡眠时间，然后日间还一定要去补够一天8小时的睡眠。我们不提倡日间另补睡眠，如果患者入睡困难，早醒让自己身体疲乏，一定要主动就医，寻求帮助。

老年期抑郁症患者白天应尽量不卧床，家人应该鼓励患者在白天多活动，比如参加公众活动等，从而能够在夜间获得充分的休息。对入睡困难或半夜醒来不能再入睡者，可按医嘱适当给予患者帮助睡眠的药物，以达到减轻焦虑和入眠的目的。另外，家人还可以采用一些放松术帮助患者放松，如睡前洗个热水澡、听一段轻松的音乐、做几组放松肌肉的运动等。老年期抑郁症患者睡前应该减少或限制含酒精饮料以及咖啡、浓茶等具有兴奋作用的饮料的摄入，可在睡前喝些牛奶以促进睡眠。

11　如何做好老年期抑郁症患者的饮食护理

轻度老年期抑郁症患者可能会以进食作为调适手段来缓解压力,以致体重增加,形成另一种压力源;严重的老年期抑郁症患者,通常会表现出拒绝进食的行为。患者拒绝进食的原因可能是缺乏食欲,也可能是试图饿死自己或怀有自责、自罪的想法,认为自己不配进食。

如果老年期抑郁症患者表现出拒绝进食的行为,家人应首先了解患者拒绝进食的原因,针对原因进行处理,如鼓励患者进食或由家人喂食,必要时可以考虑管喂流质饮食或补液以保证患者的营养摄入,家人可采用少量多餐的方式给予患者易消化、高热量、高蛋白、高维生素的食物。

12　如何做好老年期抑郁症患者的心理护理

家人应该多与老年期抑郁症患者进行正性的沟通与交流,要鼓励患者谈论他的想法和感受,让他说出自己的烦心事及身体不适并给予充分理解。家人不应对患者诉说的烦心事予以否认、不予理睬,或者给予患者言语上的伤害(如责备他们)。

鼓励患者做一些力所能及的事情,家人应该对患者所做的事情给予称赞和鼓励,使之保持愉快、乐观向上的心态,良好、和睦的家庭关系会让患者心情舒畅、精神饱满。

促进患者与社会的交流,可以邀请亲人和朋友探望患者,鼓励患者积极参与病房组织的娱乐活动,以转移、分散患者的注意力,使他逐渐忘却不愉快的事情。要让患者了解家人、朋友和社会大家庭对他的关心、支持和帮助并不是出于怜悯,改变他们认识问题的角度。

13 如何做好老年期抑郁症患者的排泄护理

抑郁症患者,特别是老年期抑郁症患者,因少动或药物的副作用容易导致或加重便秘和/或尿潴留等问题。针对这种情况,家人应该尽量鼓励患者进食蔬菜、水果等富含膳食纤维的食物,注意多喝水;带领患者参加活动;帮助患者培养每天排便的习惯等。如果患者超过三天未解大便,家人可以按医嘱给予患者服用缓泻剂或使用开塞露通便;如果患者超过8小时未排尿或膀胱充盈,家人应帮助患者轻轻按摩小腹,或者采用温水冲洗外阴等方式协助排尿。上述做法无效时,建议家人带患者到医院就诊以寻求医生的帮助。

14 如何做好老年期抑郁症患者的用药护理

患者出院后,家人应该提醒患者遵医嘱服用相关药物,不要随意停药、减量、加量等。如果家人发现患者在居家服药期间出现了一些不良反应或者患者的情绪波动较大、不稳定,要及时带患者就医。

15 老年期抑郁症患者家属如何进行心理调适

家属在照顾老年期抑郁症患者时常会因为各种问题觉得压力过大,进而出现一些不良情绪,如暴躁、焦虑、抑郁等。如果不良情绪无法得到有效的调适,将有可能导致严重的心理问题。家属只有自己身心健康,才能更好地照顾患者,帮助患者早日康复,那家属应该如何进行心理调适呢?

(1)接受:接受亲人患抑郁症给家庭生活带来的变化,要用积极的心态去面对,不要带着负面的情绪去处理,出现了问题要找出积极的应对方式,这样才能保证自己有一个良好的心态。

(2)调节:主要是要调节自己的压力水平,在照顾患有抑郁症的亲属时,常常会感到很大的压力,过大的压力会导致各种健康问题,如容易发脾气、注意力不集中、记忆力下降、肠胃不好、胃口差、睡眠差、血压升高等。如果家属出现了这些症状,应该予以关注,必要时应及时去看医生,平时要学会一些放松技巧,如深呼吸、散步等,多参与一些社交活动,多与朋友、家人沟通,尽量放松自己,适当给自己"放假"。

(3)**学习**:家属要学习一些和老年期抑郁症患者相关的照护知识、实用技巧与经验,在照顾患者时能够心中有数。

(4)**信心**:当亲人症状加重时,作为照料者的家属不要觉得内疚,不要认为是由于自己没有照顾好患者而导致其病情加重。家属已经做了很多事情,要有足够的信心,这样才能和患者一起与疾病抗争。

(5)**寻求帮助**:寻求帮助绝不是承认失败的表现,只是借此获得家人、朋友的支持,让自己得以放松而已。除此以外,家属还可以寻求一些社会资源的帮助,如社区卫生中心、社区活动中心、医院、家政服务机构等。

(蒋莉君 罗亚 宋小珍)

第三篇

老年期焦虑性障碍

案 例

晴天与雨天

　　从前,有一位老太太,她有两个儿子,大儿子卖雨伞,小儿子开染坊。下雨时,老太太就发愁地说:"唉!我小儿子染的布往哪儿去晒呀!要是晒不干,顾客就该找他的麻烦了。"天晴时,老太太还发愁:"唉!看这个大晴天,哪里还有人来买我大儿子的雨伞呀!"就这样,老太太一天到晚忧心忡忡,吃不下饭,睡不好觉。

　　后来有个智者开导她说:"晴天时您开染坊的儿子生意好,下雨时您卖雨伞的儿子生意好,老太太真是好福气呀!"老太太从此心情就好了起来。

像这种囿于自家琐事而引发的焦虑,本身有其保护自己生存和发展的功能意义,在人生的不同阶段,可能是必要的、合理的。但如果这种情绪过度和持久,就会变成老年人较常见的引发焦虑性障碍的原因。

① 引发老年期焦虑性障碍的危险因素有哪些

引发老年期焦虑性障碍的主要危险因素包括如下内容。

(1)不良的应激因素:老年人往往经历了很多生活变故,如老伴儿亡故、子女分居、社会及家庭地位改变、经济收入减少、疾病缠身等。进入老年期后,老年人要重新适应很多环境变化,但因为精力及体力有限,加之社会支持减少,使得适应变得困难。

(2)身体各器官功能老化:进入老年期后,老年人身体各方面都开始发生老化,学习、记忆力下降,听力衰退,牙齿松动、脱落,行动迟缓。老年人在生理上发生老化的同时,心理也随之变化,心理防御和心理适应能力减退,一旦遭遇不幸,心理平衡活动难以维持,容易引发焦虑、抑郁等不良情绪。

(3)人格因素:进入老年期后,老年人生命的动力开始衰退。意志力及进取心逐渐减弱,整个人格特征失去柔韧性,容易以自我为中心、固执,不容易接受新鲜事物、不容易适应环境的变化。

2　老年期焦虑性障碍的典型临床表现有哪些

老年期焦虑性障碍的典型临床表现可分为精神症状和躯体症状。

(1) 精神症状:是指一种恐惧和焦虑的内心体验,伴有紧张不安。具体的表现大致可分为以下四个方面。

1) 担忧:这种担忧是不可控的、期待性的,而且持续时间长、涉及范围广,且往往没有特定原因或明确对象。即使有一些原因,其担忧程度明显与现实不相称。

2) 警觉性增高:患者对外界的刺激反应过分警觉,如对小事易激惹、易紧张、好发脾气、爱抱怨等。

3) 睡眠障碍:患者常有入睡困难、多梦、容易惊醒,甚至出现梦魇。

4) 抑郁:大约 2/3 以上的老年患者合并抑郁,且这类患者的自杀风险明显增高。

(2) 躯体症状:是在精神症状的基础上伴发自主神经系统功能失调的症状,以疼痛、疲劳较为突出。躯体症状可累及呼吸、心血管、消化、神经、泌尿等全身多个系统,主要由交感神经活动增强所致。临床表现为心慌、气短、胸闷、头晕、多汗、胃部不适、腹痛、腹胀、腹泻、尿频、肌肉酸痛等,还有的患者可表现为搓手顿足、来回不停走动、无目的的小动作增多,甚至肢体震颤、语音发颤、行走困难。

老年期焦虑性障碍常与其他精神障碍,如抑郁症、酒精(药物)滥用或依赖等合并存在,使得焦虑性障碍临床表现各异。

③ 老年期焦虑性障碍的自我诊断

老年期焦虑性障碍多起病缓慢,呈慢性病程,症状反复迁延可长达10余年。尽管部分患者可自行缓解,但易于反复发作。反复发作或不断恶化者可出现人格改变、生活质量明显下降,社会功能受到损害。

老年期焦虑性障碍的自我诊断可以简单地归纳为以下三点。

(1)病程 ≥ 6 个月。

(2)在多数日子里,几乎每天会对很普通的事情或活动有无法控制的过度担忧,常伴躯体症状,如头痛或恶心。

(3)无法忍受的不确定感。

4 什么是急性焦虑

有一种在老年人群中比较少见但影响很大的焦虑性障碍,即急性焦虑(也称惊恐发作),其表现为反复出现的、突然发作的、不可预期的、强烈的惊恐体验,一般历时 5～20 分钟,很少超过 1 个小时。老年人在急性焦虑发作期间始终意识清晰,高度警觉,伴濒死感或失控感,患者常体会到濒临灾难性结局的害怕和恐惧,发作时伴有严重的自主神经功能失调,主要表现在三个方面。

(1)心脏症状:心悸、胸痛、胸闷、心动过速、心跳不规则。

(2)呼吸系统症状:呼吸困难或过度换气、窒息,严重时有濒死感。

(3)神经系统症状:头痛、头晕、眩晕、晕厥、四肢麻木和感觉异常;也可以有出汗、腹痛、现实感丧失、全身发抖或全身瘫软。

急性焦虑通常起病急骤,终止也较快。发作过后患者仍心有余悸,不过焦虑的情绪体验不再突出,而代之为虚弱无力,一般持续 10 分钟便自行缓解,有的需要经数天才能恢复,病程超过 6 个月者易进入慢性波动病程。

5 老年期焦虑性障碍的治疗

老年期焦虑性障碍是比较容易治疗的心理疾病,但患者就诊治疗率不高,还很容易被误诊为躯体疾病,通常患者感到胃肠不适,就到消化内科就诊;感到心慌胸闷,就到心内科就诊;感到头晕乏力,就到神经内科就诊;如果是急性焦虑发作,则最容易被误诊为心脏病而求助于心内科。

有的老年患者几乎寻遍了当地综合医院的常见科室,完成了几乎所有的躯体检查,依然无法确诊,但患者上述躯体症状是确实存在的,心理痛苦感明显,其中只有少部分人被介绍或自发到精神专科就诊,才发现这种疾病实际上在精神专科非常常见,也容易治疗。

在生活中,重症焦虑性障碍患者需要在精神专科医生的指导下接受药物治疗,包括苯二氮䓬类、阿扎哌隆类抗焦虑药和 SSRIs、SNRIs 类抗抑郁药,后两类抗抑郁药同时具有抗焦虑作用,考虑到老年人的生理特点和药物代谢的特殊性,要小剂量使用,注意预防药物的不良反应,如过量使用苯二氮䓬类药物可以引起的呼吸抑制、跌倒和认知损害等。一般的老年期焦虑性障碍可以靠少量的药物、心理治疗、物理疗法和社会干预等综合管理措施,甚至主要靠接受专业的心理咨询和行为训练来解决,如认知行为治疗、正念疗法、肌肉放松训练等。老年期焦虑性障碍患者也可以学习一些简单易行的自我调节方法。

(1) 放宽心态:古人提倡乐天知命,知足常乐,人到老年,要学会适应老年生活,保持心理稳定,不可大喜大悲。

(2) 转移注意力:可以适度参加一些社会活动,如约几位朋友品茶、聊天儿,或者约几位老友一起旅游、钓鱼、画画、唱歌等,让生活丰富多彩,让注意力转移,不再囿于自家琐事。

(3) 回归大自然:经常接触大自然会有着妙不可言的好处,城市生活节奏加快,高楼林立、空气污浊,令人烦闷。如果能和友人一起到名山大川中旅游,或者到郊外田野处散步,享受大自然的清新空气,心情也会好起来。

(4) 静坐冥想:静坐冥想可以让心情回归宁静,放缓思虑节奏。静坐一段时间,或许就会发觉身心清明澄净,有一种轻松愉悦的感觉。

案 例

曾婆婆的故事

　　曾婆婆今年66岁,自诉于2年前开始出现阵阵发慌,感觉心脏快要蹦出来,一年发作1～2次,每次持续数分钟后自行缓解,伴全身乏力、出汗,没有眼前发黑和晕倒等表现。4个月前这种情况开始频繁发作,多发于凌晨2点至4点之间,表现为心慌、全身出汗、胃部烧灼感、头皮发麻、乏力,血管里好像有东西在爬,感觉快要死了。在人多、声音嘈杂的地方就会感到心烦意乱、紧张、害怕,担心夜间再次发作。曾婆婆经常做噩梦、情绪低落,认为自己的情况医生也没有办法,常常会说出消极语言,但并未出现自伤、自杀行为。

　　入院后,曾婆婆多次询问医生、护士"我这个情况到底是得了什么病,怎么治疗这么久还不见好,反而加重了呢?"曾婆婆的女儿也很着急地问"我妈妈得了什么病,检查明明一切正常,医生说是焦虑性障碍,我妈妈心态很好啊,现在生活那么好,有什么可焦虑的,有什么办法可以把这个病治好呢?"

∴
∵

曾婆婆及其女儿提到的问题是医生在老年病房中经常被问到的。

曾婆婆表现出来的,就是老年期焦虑性障碍。曾婆婆需要住院接受专业的治疗并进行自我调适,同时其家属(如女儿)也要参与其中。

⑥ 老年期焦虑性障碍的心理辅导

老年期焦虑性障碍既需要药物治疗,也需要心理治疗。住院期间患者要学习自我调适的方法,家属也要学习如何更好地照顾患者。心理辅导以团体为主,成员相对固定(8~12人),家属也要参与其中,每次60分钟,每周3次,连续3周为一疗程。整个心理辅导的氛围是轻松、自由的,成员在团体中能够感受到被接纳、被理解、被关注。成员间可以形成互相关心、互相支持的自主小组,有利于焦虑的缓解和康复。具体的做法如下。

认识焦虑的心理循环模型:很多老年朋友像曾婆婆一样,出现身体不适的时候,因为不知道是怎么回事而感到异常紧张,进而出现焦虑,形成恶性循环。这个循环图能够帮助大家发现在不同层面上的反应并理解它。

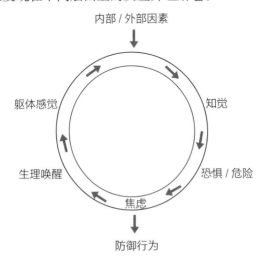

内部 / 外部因素

躯体感觉

知觉

生理唤醒

恐惧 / 危险

焦虑

防御行为

7　老年期焦虑性障碍的治疗过程以及药物与健康维护的关系

在治疗过程中,老年患者容易产生焦虑情绪的因素之一是对治疗过程不了解,加上药物的副作用导致的不适,使老年患者对治疗缺乏信心并害怕使用药物。因此,以团体的形式开展心理教育,让患者讨论自己对治疗的担忧和疑虑,治疗师则以浅显易懂的方式将药物治疗的过程和药物治疗的重要性进行讲解,这样容易使患者理解和接受,从而增加药物治疗的依从性。

老年期焦虑性障碍患者出院后复发的一个重要原因就是自行停药,病情的波动常使患者失去治疗的信心。因此,在住院期间医护人员应该采用团体辅导的形式将焦虑性障碍的康复过程和预防复发的关键环节讲述清楚,尤其是让患者了解焦虑性障碍的康复过程需要经历有效、复燃、缓解、复燃、康复的过程,如同螺旋式上升或波浪式前进,这样患者就能接受在康复过程中出现的病情波动,继而遵从医生的治疗方案,学会疾病的自我管理,坚持不懈地治疗,直到康复。

认识焦虑、理解焦虑、接受焦虑并积极治疗的心理教育不仅对老年患者本人很重要,对家属也至关重要。家属应该理解并陪伴患者积极治疗,争取早日康复。

8 老年期焦虑性障碍患者如何缓解焦虑

患者应积极参与缓解焦虑的行为训练。在住院期间,医护人员应该根据老年患者的身心特点和中国文化特色,将认知行为治疗技术与中国传统文化相结合,找到适合老年期焦虑性障碍患者的行为放松技术。

(1)应用中医穴位的自我按摩法:目的是通过自我按摩

穴位的行为,让老年患者感到此时此地有事可做,可以分散其注意力,进而调节情绪。这个方法与传统医学相结合,老年患者更容易接受,还能在团体活动中增强凝聚力,建立并巩固治疗关系。

1) 缓解头部紧张的中医穴位自我放松训练: 运用中医穴位治疗理论,选择具有健脑、改善脑循环,促进脑的血液供应,缓解头皮肌肉紧张,治疗头痛、失眠的穴位,指导患者进行有效的穴位自我按摩放松训练,从而缓解症状,增加舒适感,增强参与度。选择的穴位有太阳穴、印堂穴、风池穴、天柱穴、合谷穴、百会穴等。按摩时注意让穴位的自我按摩与气息调节结合起来;让患者去感受按摩部位的感觉变化,以达到自我暗示和正念训练的心理效应。最后以气沉丹田法调整呼吸自我放松,并分享感受。

2) 调节情绪的中医穴位自我放松训练: 运用中医穴位治疗理论,选择具有安定心神、放松心情的穴位,指导患者进行有效的穴位自我按摩,缓解紧张情绪、放松心情。涉及穴位有膻中穴、内关穴、神门穴、后溪穴、劳宫穴、合谷穴等。具体操作如下。

★做好呼吸调节。

★疏通膻中穴。

★按揉内关穴,并依次按揉神门穴、后溪穴、劳宫穴、合谷穴等。

★与气息调节相结合,感觉舒适而有节律的呼吸。

★按揉各节手指。

★按揉肘关节,曲池穴、少海穴。

★轻柔拍打手少阴心经、手厥阴心包经、手太阴肺经、手太阳三焦经、足太阳膀胱经,肾俞穴、太冲穴。

★用手掌抚摸后颈、颈动脉,拍打双肩、双臂、大腿、小腿以放松局部肌肉。

★用拍打法调节呼吸进行自我放松,鼓励老年患者学会后天天坚持练习。

(2)利用张三丰养生太极108式养心健身

1)思维准备:天地与我同存,万物与我同长,天人合一,意识切断与练拳无关的一切信息。

2)体态准备:面向正南,并步站立。全身放松,轻灵顶劲,气沉丹田,嘴唇轻闭,舌顶上腭;架天桥,小开步,两脚平行,与肩同宽;两臂自然下垂,手指并拢,中指贴于裤缝。

患者练习养生太极108式能够让自己慢慢平静下来,放松、专注于一件事。每天练习半小时到1小时,主要练习起势、揽雀尾、单鞭和云手。家属与患者一起参与,能够增加其对自我身体的感知和心理感知,从而获得身体放松、内心宁静的状态,坚持练习下来具有自我疗愈的作用。这个练习能够同时增加患者对张三丰养生太

华西心理卫生系列图书
老年情绪问题患者及家属手册

极 108 式的兴趣并找到一个运动放松的方法,应该鼓励患者参与。

(3)根据老年人的特点,结合中国文化,通过体验性的方法去认知并改变心态,获得自我疗愈。

1)体验改变:想象我看乌云在天空飘过的整个过程。让患者去感受乌云来临时的感觉和内心的体验。首先身体放松,调整气息至平和舒适,慢慢调整内心至平静状态。反复练习直至全身放松,达到身体放松、气息平和、内心平静的三合一的身心状态。开始想象我看乌云在天空飘过,当我静下心来照着去做时,执着的乌云纷纷飘散,内心就像太阳发出光芒。从体验中主动探索自我,从而调节自己的情绪,心态逐渐达到平和淡定。

2)学会放下:通过手握硬币游戏体验放下的感觉,让老年患者明白过分执着带来的焦虑,从而学会慢慢地放下一些东西、改变执着的心态,缓解焦虑。首先,大家讨论如何理解"放下",是不是大家都有放不下的东西;其次,集体练习手握硬币游戏,体验放下的感觉;最后,分享讨论各自的领悟以及如何放下之前放不下的东西,进一步进行自我探索。

3)关爱自己,享受生活:采用读书的方式,在团体活动中进行讨论,每个人来分享过去的酸甜苦辣和几十年的人生经历,感悟拥有一个健康的身体是人生的一大笔财富,想照顾好亲人必须得先照顾好自己,对自己好一些、多关心自己一些不是自私自利。把自己的身体照顾好就是为儿女减少负担,也是爱他们的表现,因此要学会放下,放下儿女的事、放下过去的事,活在当下。通常家属与患者一起参与讨论,增加对彼此的理解、增进亲人间的亲密关系,有利于焦虑的缓解。

(4)以积极认知取向建构老年人的一生,增强自信: 老年期焦虑性障碍常伴有抑郁心境,抑郁时看自己常常是消极的,遇到事情时往往想得很糟糕。以积极认知取向重新理解和建构自己过去的人生,如讲述在过去的岁月里自己最开心的人和事、曾经感觉到自己做得很棒的事,以欣赏的眼光看待自己的亲人等。利用团体的力量和积极的导向去收集和整理积极的人生经历。最终明白自己虽然现在已经衰老,但也曾经拥有过、年轻过,有自己独特的人生收获,从而获得愉悦的心情。

在曾婆婆出院后,医护人员鼓励她回家继续练习在医院学到的自我调适方法、多结交老年朋友,同时培养一个自己的爱好并坚持下来,或者找一些力所能及的事情来做。

作为老年患者的子女和家人,要用积极的眼光看待老人的人生,多欣赏、多肯定、多鼓励、多陪伴。尽量抽时间常回家看看,听听老人的唠叨,有机会带老人到户外活动。同时,晚辈要把自己的生活、工作、身体照顾好,让老人放心。

（黄国平　陶庆兰）

第四篇

老年期双相情感障碍

1　什么是双相情感障碍

双相情感障碍对于普通大众而言可能有些陌生,它到底是一种什么样的疾病呢?吓人吗? 比抑郁症更严重吗? 好治吗? 其实,双相情感障碍与抑郁症一样,也属于一种心境方面的疾病,有时候它的表现如同抑郁症,患者表现

双相情感障碍

为闷闷不乐、开心不起来、不想动、不想做事情,甚至连最起码的吃饭、穿衣都觉得没有意思,成天懒言少语,连自己的个人卫生都懒得料理……

但是它为什么叫双相情感障碍呢? 这是因为在它的表现中还有一组与抑郁症表现相反的症状:主观体验特别愉快,整日兴高采烈、喜形于色、情绪高涨明显超过正常,容易兴奋;面部表情丰富,眉飞色舞;肢体语言丰富;睡眠需求减少而精力依然充沛,成天忙忙碌碌,但做事虎头蛇尾;走路昂首阔步、目光炯炯;声音洪亮,说话滔滔不绝,不容易被打断,语速快、内容转变快。可不知为什么,过了一段时间患者又会心情烦闷,认为活着没有意思、想死、发脾气、精力下降……没错,这就是双相情感障碍的临床表现,这个病就像一个跷跷板,有时出现这一头的表现,有时出现另一头

的表现。

② 老年期双相情感障碍的特点

除了上述典型的双相情感障碍表现外,老年期双相情感障碍常有以下特点:①多以抑郁发作起病;②起病年龄更晚,一般起病年龄多超过 40 岁,如果有家人患类似疾病,患者起病年龄则会较早,即疾病在遗传上有早现现象;③明确诊断双相情感障碍的时候一般是发病 10 ～ 15 年以后;④首次住院年龄更晚;⑤老年男性患者抑郁和躁狂转变速度更快;⑥老年患者躁狂发作时敌意、破坏性、攻击性大,谵妄较多,抑郁发作时表现类似痴呆(但不是真正痴呆)。

③ 哪些情况更容易引发老年期双相情感障碍

引发老年期双相情感障碍的主要原因如下。

(1) 遗传因素:在与双相情感障碍患者有血缘关系的亲属中,双相情感障碍的发病率较正常人高,血缘关系越近,发病率越高。

(2) 心理社会因素:不良的生活事件和环境应激事件可以诱发老年期双相情感障碍发作,如退休、婚姻问题、家庭关系不和谐、空巢、生病等。总的来说,遗传因素在双相情感障碍发病中可能是一种易感素质,而具有这种易感素质的人会在一定的环境因素促发下发病,这就好比身体素质差是易感因素,而淋雨则是身体差的人感冒的促发因素。

(3)老人的个性特征:依赖、固执、孤僻的性格更容易引发老年期双相情感障碍。

4 出现躁狂就一定是双相情感障碍吗

需要注意的是,老年人出现躁狂并不一定是双相情感障碍,老年期首次躁狂发作并不多见,如果发生,首先要考虑大脑的血管或其他病变。老年人面对身体各个器官(包括大脑)功能的退化常常表现为躁狂症状,所以对于老年人而言,如果在疾病的最初就表现出躁狂,一定要先排除脑部问题或其他疾病(如脑炎、脑血管疾病、长期嗜酒或应用激素类药物等)。在老年期双相情感障碍患者中,有时也会合并一些精神症状,抑郁相精神病性症状较多见。

5 老年期双相情感障碍有哪些治疗方法

针对老年期双相情感障碍治疗的专门研究并不多,但针对不同的疾病状态需要采用不同的治疗方法。

(1) 双相情感障碍急性躁狂发作时: 锂盐(主要指碳酸锂)、丙戊酸盐、拉莫三嗪和非典型抗精神病药(不是只针对精神分裂症)对老年期急性躁狂是有效的。不过,由于碳酸锂的治疗剂量和中毒剂量非常接近,且老年人的身体功能处于逐渐衰退的阶段,故在老年人使用碳酸锂的过程中需要定期监测血液中的药物浓度,最开始每 1～2 周检测一次,以后可以每个月检测一次,同时还需要监测肝肾功能和甲状腺激素水平。老年人常患有一些基础疾病,需要日常用药,所以在使用碳酸锂治疗的过程中还需要注意与老年人日常服用的其他药物的相互影响。

在使用丙戊酸盐和拉莫三嗪的过程中需注意监测肝功能、皮疹情况以及药物对女性卵巢的影响。对于非典型抗精神病药,需注意有体重增加和导致代谢综合征、QT 间期延长的风险,以上这些会增加患心血管疾病的老年人的死亡风险,因此必须引起重视。

(2) 双相情感障碍抑郁相发作时: 处理原则与老年期抑郁症基本相同。但是必须考虑到老年患者其躯体疾病以及正在使用的一些药物的情况,如有些老年人本身有高血压,就需要谨慎使用文拉法辛类药物(不是完全不能用,但需要监测血压)。总而言之,一定要注意药量的控制,以及药物的相互作用,甚至一些药品使用说明书上少见、偶见的情况也需要关注。在老年患者的治疗过程中用药一定要谨慎,建议边治疗,边观察,边监测血液及心电图等指标的变化情况,以第一时间发现问题。

(3) **维持治疗**:拉莫三嗪可有效预防老年期双相情感障碍抑郁相的发作,而锂盐对预防急性躁狂的发作更为有效。在成人患者中已被证明有效的药物,如丙戊酸盐、奥氮平、喹硫平、利培酮、阿立哌唑等,也逐渐应用于老年人的治疗,但需要注意用药剂量较大时的锥体外系副作用,所以在老年人用药过程中需要监测血常规、肝肾功能、血糖、血脂、心电图等指标,故需要使老年人及家属认识到定期随访的重要性。

长远来看,老年期双相情感障碍还是应以经典的心境稳定剂(就是前面所说的锂盐、丙戊酸盐以及拉莫三嗪等)治疗为主,哪怕表现为抑郁相症状。急性期可联用心境稳定剂与抗精神病药物,也可单用抗精神病药物,待患者病情好转后换用或联用心境稳定剂。在抑郁相时,推荐使用小剂量抗抑郁药,但需防止药物引发躁狂发作。

6 老年期双相情感障碍的预后如何

老年期双相情感障碍的患者若能早期获得明确诊断并接受规范治疗,预后大多较好。但是在临床上会有些不典型的老年期双相情感障碍患者,容易误诊为精神分裂症,尤其是当患者存在精神病性症状时。

　　临床医生可能会使用抗精神病药物作为心境稳定剂，如使用奥氮平、喹硫平、利培酮、阿立哌唑等强效抗精神病药物治疗双相情感障碍急性躁狂发作患者，会发现其近期治疗效果较好，部分患者可以很快恢复到正常状态。但如果长期单用这些抗精神病药物治疗，部分患者可能保持一定疗效，但对另一部分患者来说，可能出现锥体外系副作用，也可能导致转为抑郁相，增加自杀率。自杀是双相情感障碍预后中最严重的问题，多发生在患者出院后，有些甚至发生在患者已经表现为"好转"时，所以维持治疗非常重要。

　　家有双相情感障碍的老人，作为家人该怎么办呢？怎样帮助老人尽快康复？先让我们来看看王婆婆一家的遭遇。

案 例

王婆婆的故事

　　王婆婆今年78岁,儿子称最近两年王婆婆的脾气发生了很大的变化。刚开始是因为住房拆迁,一家人搬到了安置房,安置房是新修的,而且有天然气,煮饭、洗澡方便多了,大家都很开心,唯独王婆婆愁眉苦脸、唉声叹气,还时常哭泣,认为自己拖累了儿子。王婆婆觉得住自己原来的房子生活更方便,以前住的地方更宽敞,而且周围有很多老朋友;房子周围都是山,山上到处是柴,烧火煮饭根本不用花钱,现在可好了,天然气每月都要交钱,而且以前好多老朋友现在分开了。起初儿子并没在意,认为王婆婆主要是不适应新房子,过一段时间就会好。结果这种情况持续了大约1年,之后王婆婆又突然变得开朗了,不再哭泣了,每天出门找人说话,总觉得有说不完的话,每天晚上只睡3～4

小时,很早就起床打扫卫生、煮饭、唱歌等,家里人以为王婆婆总算适应了新房子。好景不长,20多天过去了,王婆婆又回到了以前的状况,情绪低落,觉得活着没意思。最后实在没办法,儿子才带上王婆婆来看心理医生。

王婆婆到底怎么了? 其实王婆婆是患上了老年期双相情感障碍,所谓双相情感障碍,是一种心境方面的疾病。我们可以把心境理解为气候,一个地方的天气可以每天都不同,但一个地方的气候如果有了很大的变化,可能就需要引起大家的关注了。

患了双相情感障碍的患者情绪会处在两个极端,一段时间内情绪特别低落,总是抱有消极的想法,严重者每天以泪洗面,觉得自己对不起家人,更加严重者甚至会有自杀的念头,这就是双相情感障碍中的抑郁相(抑郁状态),就像案例中的王婆婆,整天愁眉苦脸、唉声叹气,还说自己拖累了儿子。另外的时间内,患者又会处在情绪高峰状态,可能没有任何原因就变得很高

兴、兴奋多话，显得精力旺盛，整天忙忙碌碌，但做事往往不够完美，有始无终，就像案例中的王婆婆会突然变得开朗起来，每天出门找人说话，晚上睡得很少，白天精力充沛。儿子以为王婆婆是适应了新房子，其实这是双相情感障碍中的躁狂状态。

双相情感障碍的患者若不经过科学的治疗，可能就会处于这种抑郁和躁狂交替的状态，这两种状态是情绪的两个极端，就像我们交替处于大喜和大悲的状态中，不利于身心健康。人需要平稳的情绪，而且能够对自我情绪进行调节，也就是说当我们遇到伤心事，会出现情绪低落状态，但我们很快就可以通过调整对这件事情的看法而调整情绪至平稳状态；我们也会因为遇到开心的事情而高兴，但也会很快将情绪调整至平稳状态，情绪平稳对我们的身心具有保护作用。

王婆婆为什么会出现这种状态呢？搬迁是王婆婆生病的一个非常重要的心理社会因素，由于老年人生理上和心理上不断老化，社会适应能力也会不断下降。居住环境发生了很大的变化：王婆婆以前煮饭烧柴，而现在要用天然气；以前房子虽然破旧，但很宽敞，而现在新房子却显得很拥挤。人际交往方面也发生了很大的变化：以前是几户人家挨着住，出门都不需要锁门，而现在住在高楼大厦里，以前的老朋友现在都分散开了，串门非常不方便。丧偶也是王婆婆生病的原因之一，王婆婆的老伴儿于 4 年前去世，子女外出打工,自己和孙子在家,之前一直处于空巢状态。性格方面,王婆婆是一个比较内向而固执的人,当自己的想法和建议得不到儿女的认可时会感到非常生气,难以调节自己的情绪。此外,王婆婆患有糖尿病,糖尿病引发的很多躯体症状也成了她患上双相情感障碍的原因之一。总之,心理社会因素、支持系统、自我性格特点、躯体疾病等因素都会成为诱因,引发双相情感障碍。

7　面对双相情感障碍的老年人,家人需要特别关注什么

(1)**要帮助老年人适应生活的变化**:老年人会面对很多生活上的变化,如退休、丧偶、经济收入减少、搬迁等社会因素,同时身体的变化也会造成生活的变化,如视力下降、听力下降、思维不灵活、记忆力下降等。作为家人,需要更多的陪伴老年人,对他们付出更多的关爱,有技巧地为老年人提供帮助。怎样理解"有技巧地提供帮助"呢? 有的老年人不服老,这时家人应该多鼓励老年人做力所能及的事情,并及时给予他鼓励、夸奖,帮助老年人树立信心。有时老年人会非常敏感,总认为家人会嫌弃自己,此时家人应该对老年人更加细心、耐心、嘘寒问暖。

(2)**及时求助于精神科医生**:面对老年人情绪的极端变

化,家人需要及时求助于精神科医生。有的人不愿意带老年人看医生,特别是精神科医生,认为这样做非常没面子,有一种耻辱感。这是对精神科的一种偏见,可能会延误疾病的诊断和治疗,使病情越来越重。

(3) **预防自杀和跌倒**:双相情感障碍的老年人,特别是当其处于抑郁状态时,有自杀的风险。患者处于抑郁状态时情绪处于低谷,想法以负性思维为主,很难看到光明的一面,如认为自己成了家人的拖累,自己活得很痛苦、没有尊严,认为儿女不孝顺,由于思维变得迟钝而感觉自己变笨、无用。双相情感障碍的老年患者处于躁狂状态时,可能出现活动增多的行为,再加上老年人本身大多存在骨质疏松、视力下降等情况,其服用的药物也可能有镇静作用,影响平衡功能,

容易跌倒。因此要特别注意让老年人穿防滑鞋,家居尽量简洁,卫生间、浴室要有扶手。当老年患者处于躁狂状态时,可以让他听音乐、看电视、下棋,或者做一些力所能及的事情以分散注意力,减少盲目活动。

(4)**心理抚慰**:双相情感障碍的老年人,不管处于抑郁状态还是躁狂状态,都需要心理抚慰。当他处于抑郁状态时,情绪低落,容易独自伤心流泪,看待事物消极、悲观,对自我评价很低,认为自己无用。作为家人,要多陪伴老年人,积极倾听他的诉说,在他诉说时不要轻易打断,更不要批评、指责他是胡思乱想。当老年人处于躁狂状态时,他会表现为兴奋、多话,如果此时家人随意打断他的话,会引起老年人的愤怒,容易引起争执。

可以多带老年人外出,如逛公园、看电影、走亲串门等;也可以让老年人养宠物,老年人可以和宠物培养感情,在给宠物洗澡、喂食的过程中也可以体现自身价值,家人对老年人做得好的地方要给予及时的鼓励和欣赏,这样会提升老年人的自信心。

此外,日光照射对双相情感障碍的老年人也有帮助,特别是当老年人处于抑郁状态时。有研究显示,人在接受充足的日光照射时,可以抑制人脑的松果体分泌褪黑素,褪黑素可以引起情绪低落,因此建议老年人在做好防晒工作的基础上每天接受 30 分钟以上的日光照射。

(5)**注意躯体疾病的治疗**:很多双相情感障碍的老年人

同时患有躯体疾病,躯体疾病可以导致老年人有很多不舒适的感受且长期处于求医用药的状态中,这样的生活经历也会影响老年人的情绪,使其对治疗失去信心,将日常生活视为一种负担。所以,积极治疗躯体疾病,减轻躯体疾病带来的不适,对于双相情感障碍的老年人来说也是非常重要的。

8 面对双相情感障碍的老年人,如何识别自杀倾向

为了能够及时识别和预防双相情感障碍老年人的自杀行为,就需要常和他聊天儿,了解他的内心状态,当老年人出现下列情况时,家属要特别小心。

(1)情绪很低落,完全高兴不起来。

(2)总说自己没用,拖累了别人。

(3)和家人交代后事,如告诉家人自己的存折密码、告诉家人如果自己死了要把自己安葬在什么地方,或者告诉家人自己的一些秘密等。

(4)变得对家人或亲友漠不关心,每天只沉浸在自己的世界里。

(5)变得特别关心家人,反复叮咛家人要照顾好某个人等。

(6)打听死亡的方法以及死后的情形等。

9 面对双相情感障碍的老年人，如何预防其自杀行为

预防双相情感障碍老年人的自杀行为，往往需要有家人的陪伴，特别是在夜间。若老年人在夜间不能入睡，则需要有人陪伴他或使用药物帮助他入睡，因为夜间是双相情感障碍老年人最难熬的时间，家人入睡时他最容易做出自杀行为。需要提醒家属注意的是，一定要送双相情感障碍的老年人到医院就诊，接受正规的治疗，这样能够积极预防老年人的自杀行为。

10 如何帮助双相情感障碍的老年人康复

（1）坚持服药，定期门诊复查：药物能帮助患有双相情感障碍的老年人情绪恢复到平静状态，有很多老年人和家属担心长期服用药物会成瘾，也担心药物有严重的副作用。其实治疗双相情感障碍的药物不会成瘾，大家之所以会产生这样的误解是因为双相情感障碍是一种慢性病，患者需要长时间服药，若中断药物治疗疾病就有可能复发，这种情况会让人产生"药物成瘾"的误解。针对药物的副作用，首先我们要认识到，副作用确实存在，但是在一定条件下才会出现，如药物使用剂量过大、用药时间过长、患者个体对药

物敏感等,所以在服药的过程中需要定期到医院进行检查,医生在为患者选择药物时也会考虑到患者的年龄、身体素质等因素,因此如果确实需要,老年人和家属应严格按照医嘱用药并按时复查。

(2)**规律生活**:双相情感障碍的老年人常常因为情绪低落而整日卧床、不喜出门,进食也没有规律;当然,他们也可能因为情绪高涨,终日忙忙碌碌而无暇休息。针对这种情况,家属应该帮助双相情感障碍的老年人培养规律的生活习惯,按时起床、按时睡觉,上午和下午尽量进行适量的活动或劳动,这样可以避免老年人社会功能衰退。

(3)**合理饮食**:双相情感障碍的老年人如果处于抑郁状态,会表现为食欲下降,没有胃口,处于躁狂状态则会消耗比平时更多的能量,这些均可导致营养障碍。所以家人应该为其合理搭配饮食,通过食物的色、香、味来提高老年人的食欲,保证营养供给。有研究显示,绿茶可以缓解抑郁状态(红茶和乌龙茶并没有这样的作用),所以可以鼓励老年人白天适量饮用几杯绿茶。

(4)**预防便秘**:双相情感障碍的老年人由于活动减少、器官衰退而致胃肠蠕动减少,一些药物也可能导致其胃肠蠕动减少,所以双相情感障碍的老年人常常饱受便秘的痛苦。建议有此问题的老年人白天多饮水,最好饮用800～1200ml,多进食富含膳食纤维的蔬菜水果。若3天以上未排大便,可以在医生的指导下使用通便药物。

华西心理卫生系列图书
老年情绪问题患者及家属手册

（5）督促双相情感障碍的老年人参与活动：特别是处于抑郁状态的老年人，可以建议他们听音乐、唱歌、散步、进行适合的体育锻炼，或者画画、写字、养鱼、种花等，在活动中陶冶情操，调整情绪。

（6）锻炼社会功能：可以让双相情感障碍的老年人参与一些力所能及的活动，如买菜、做饭、做手工等，这些活动可以训练老年人的计算能力、记忆能力以及动手能力，避免其社会功能衰退。

综上所述，如果家有双相情感障碍的老年人，作为家人首先要持有科学的治疗观，正确面对药物治疗，同时应该特别关注老年人的安全，包括自杀和跌倒的风险，必要时送老年人住院治疗。在生活上，应该给予其更多的陪伴，了解他的内心世界，及时给予抚慰，必要时可以寻求心理医生的帮助，多鼓励他参与康复活动，延缓其社会功能的衰退。

（罗亚　黄雪花）

第五篇

老年情绪障碍伴发躯体症状

老年情绪障碍是一种比较常见的疾病,它的出现往往会伴发一些躯体症状,主要表现为:①疼痛综合征:如头痛、颈部痛、腰酸背痛、腹痛和全身的慢性疼痛;②消化系统症状:如腹胀、腹痛、恶心、嗳气、腹泻或便秘、食欲下降等;③类心血管系统疾病症状:如胸闷、心悸等;④自主神经系统功能紊乱:如面红、潮热出汗、手抖等。

当和您一起生活的亲人出现上述症状的时候,您的心情一定会变得很沉重,生活也会发生一些改变。不管您是否已做好了相关的准备,当疾病来临的时候,所有的家庭成员应该团结一致,顺势而为,从容面对,共渡难关。首先需要学习疾病相关知识,然后一起制订家庭护理计划。按照计划来照护老年人,体贴、理解、耐心地引导以及与老年人建立良好的沟通要贯穿家庭护理的始终,如每周轮流探望老年人,陪他聊聊家常或者每周定时给老年人打电话,向他问好;给予老年人鼓励和支持,帮助他树立信心,积极疏导他的负面情绪;为老年人创造一个温馨舒适的家,让他感受到家庭的温暖和爱,让他相信自己不会被遗弃。

老年人可能会反复和家属讲"我不舒服,我头痛、胸痛,我全身都痛,我心慌,我呼吸困难,我手脚发麻,我生不如死……",当出现类似的情况时,家属一定要带老年人去看医生,请专业的医生来评估、判断。如果老年人的一系列症状是情绪障碍伴发的而非器质性疾病所致,那么家属可以采取以下的办法来帮助他。

华西心理卫生系列图书
老年情绪问题患者及家属手册

当老年人反复诉说疼痛时,家属要保持冷静,不要烦躁,注意老年人的情绪,体谅他的感受,不要因为他重复说痛就作出强烈的反应,那样的话于事无补。家属应该让老年人感受到他是被人关爱的,家属应该用平和的语气温柔地安慰老年人,适时转移他的注意力。

1 如何做好情绪障碍伴发躯体症状老年人的家庭护理

(1)**安排体育锻炼**:为老年人安排一些体育锻炼,锻炼对改善不良情绪会有很大的帮助,比如散步、做操、简单的太极动作。需要强调的是,在为老年人安排体育锻炼时,要重点考虑安全性问题。

(2)**发展兴趣爱好**:可以根据老年人的兴趣爱好有针对性地安排一些活动,如和老年人一起看老电影、听音乐,和他一起分享感受,回忆往事。通过引导老年人回顾以往的生活,重新体验过去的生活片段,并给予新的诠释,可以帮助老年人了解自我,减轻失落感。

(3)**增加社交活动**:每个人都有自己的好朋友,有的是从小一起长大的玩伴,有的是一起读书的同学,还有的是工作当中结交的好朋友,彼此结下了深厚的友情,退休后他们仍然会经常组织聚会或结伴外出旅游。在身体条件允许的情况下,家属应该积极鼓励老年人参加此类活动,保持社交的活跃,让生活充满阳光。

(4)**不要过度照护**:在工作中我们发现当家属得知老年人生了病,就以为老年人什么都做不了,一切全权代劳,让老年人整日躺于床上。这样的做法不仅不利于疾病的康复,反而会使老年人的生活自理能力加速下降,增加坠积性肺炎及压疮的发生率。正确的做法应该是关注老年人还能做什么,鼓励他去做,家属只需要在一旁协助,当老年人真正需要帮助的时候再伸出援手。在日常生活中家属要鼓励老年人自我表现,让他感受到自己是有用的,而且是被人需要的,提升他的价值感。

(5)**鼓励老年人接触新鲜事物**:如学习计算机、读老年大学等,通过接触新鲜事物,老年人既可以学习知识,又可以延缓大脑功能的衰退,充实晚年生活。

(6)**创造一个舒适安全的家**:随着老年人身体功能的逐步下降和情绪障碍伴发的一系列症状,家属必须采取措施

去适应老年人的变化。合理摆放家具及物品,腾出更多的空间以保障老年人在经常走动的区域畅通无阻;确保家里的地面是防滑的;如果家具有带尖锐的边角,应安装防撞角,以免老年人在活动的时候被碰伤或者划伤;在淋浴间和浴缸边应安装扶手,降低老年人洗澡时滑倒的风险。

(7)保管好危险物品:因焦虑、抑郁,加之身体上又出现了一系列痛苦的症状,让一些老年人产生了生不如死的想法,为了防止老年人自杀,家属应该把危险物品,如刀、剪、绳、玻璃杯等保管好,创造一个安全的环境。

小贴士

当老年人出现心跳较快、呼吸困难时,家属可以采用深呼吸的方法帮助老年人减轻症状:指导老年人先慢慢地由口腔、鼻孔吸气,这个过程一般需要5～10秒,达到极限,然后屏住呼吸5～10秒,再逐渐由鼻腔呼出气体。停顿2～3秒,开始新一次的深呼吸。这种深呼吸的方法可以反复练习,每日2～3次。

2 如何处理情绪障碍伴发的睡眠问题

关于老年情绪障碍伴发的睡眠问题,我们可以从以下几方面来改善。

(1)良好的睡眠环境：老年人的卧室应保持整洁,室内温湿度适宜,每天开窗通气,保持室内空气清新。入睡时,卧室应无灯光干扰,保持黑暗、安静的睡眠环境,床的软硬、被褥的厚薄应适中。

(2)加强睡眠时间管理：限制老年人白天的睡眠时间,午睡最好不要超过1小时。制订个性化的作息时间,早上按时起床,晚上按时睡觉,养成良好的作息习惯。

(3)正确采取睡眠诱导：尽量为老年人创造一些有利于入睡的条件,如睡前半小时洗澡、泡脚。

(4)适当加强体育锻炼：体育锻炼应以运动适量、持之以恒为原则,对老年人来说,打太极、散步都是极好的锻炼方式。每次运动时间根据自身状况而定,不能勉强,最好以"稍感费力"为度。运动后自觉愉悦,休息后疲劳可缓解并自觉舒服。运动时间选择饭后1.5～2小时。

(5)及时排除药物干扰：
若老年人要服用某些药物治疗疾病,应尽量减少药物对睡眠的影响,如利尿剂、中枢神经兴奋剂等,应尽量放在早饭后服用,以避免因多次排尿或精神过度兴奋而影响睡眠质量。

（6）**纠正患者对失眠的错误认知，建立起能够自主、有效应对睡眠问题的信心**：告知患者睡眠需求个体差异很大，要重视睡眠质量而非睡眠时间，减轻睡眠障碍患者因很想睡觉而产生的焦虑情绪。

（7）**松弛疗法**：通过身心松弛促进神经活动朝着有利于睡眠的方向转化，降低唤醒水平，从而诱导睡眠。常用的松弛疗法有进行性松弛训练、自身控制训练、沉思训练、生物反馈治疗等。

③ 如何处理情绪障碍伴发的便秘问题

（1）**排便时间**：良好的排便习惯是建立在稳定的生活规律基础上的，老年人应该养成早睡早起、三餐固定的生活习惯。对于老年人而言，最适宜的排便时间是每日早餐后，因为餐后是胃肠道最活跃、对刺激最敏感的时间，每天在早餐后坚持去排便，长此以往就能养成良好的排便习惯。

（2）**排便姿势**：老年人最佳的排便姿势是蹲势，但蹲位排便的时间不宜过久，而且如果老年人患有高血压、心脏病，则应避免此姿势。家有老年人，出于安全的考虑，卫生间应设有扶手或在老年人排便时家属应该在旁辅助。值得注意的是，某些老年人不适应在床上使用便器排便，是顾及给家人带来麻烦以及排便的气味，对卧床排便的老年人要做到态度耐心、考虑周到。

(3) **饮食指导**:多食富含膳食纤维的食物,如芹菜、苹果、海带等,多饮水,少吃刺激性食物。

(4) **运动指导**:鼓励老年人进行一定量的户外运动和体育锻炼,这样可以增强肠蠕动,有效预防便秘。鼓励老年人在清晨和晚间排尿后做以下动作:收腹 - 鼓腹、提肛、腹部自我按摩。

(5) **心理疏导**:做好老年人的心理疏导工作,使其情绪稳定,心情舒畅,家庭和睦可给老年人创造一个良好的生活氛围,降低老年人抑郁、焦虑的水平,这能在一定程度上避免便秘的发生。

(6) 让老年人在心理上有一个适应的过程,对排便次数要采取"顺其自然"的态度,如果偶然出现未按时排便的情况也不必太介意。生活、工作过于紧张的老年人要切实注意劳逸结合,动静结合,改善睡眠,放松心态,以利于便秘的治疗。

4 如何处理情绪障碍伴发的食欲下降问题

很多情绪障碍的老年人会出现食欲下降、体重减轻的情况,在这个阶段,家属要充当营养师的角色。为了保证营养摄入,老年人每天吃什么、吃多少,这都需要家属精心的思量和安排。为了老年人的身体健康,我们建议家属在为老年人安排饮食的时候,应注意营养均衡、荤素搭配,可以适当多食用富含蛋白质及钙质的食物;避免食用富含饱和脂肪的食物(如油炸食物),少食熏制食物及含糖量较高的食物,应适量饮用茶和咖啡,建议老年人戒酒。

(黄霞)

第六篇

老年期心境恶劣

案 例

刘大爷的故事

刘大爷今年 65 岁,退休前是一名语文教师。刘大爷自从退休后便不愿外出,经常在家里为一些鸡毛蒜皮的小事情与老伴儿、子女,甚至孙子们发生争执。刘大爷情绪上易烦躁,和家人发生争执后自己又觉得后悔,奇怪自己当时的所作所为,暗暗提醒自己下次一定要控制脾气。可是下次有类似事情发生时,刘大爷还是无法控制住自己的脾气。这种情况反反复复的出现,有时连刘大爷自己都说不清到底为啥发脾气,而家人也因为他的脾气而变得战战兢兢,不敢轻易对他说个"不"字,每当刘大爷回到自己的房间,家人就会觉得如释重负。

刘大爷内心觉得自己不大对劲,但是发作时就是觉得别人都不好、都是别人做错了事。他的情绪非常差,经常捶胸顿足,怒骂或摔东西,因为家里数他年纪最大,儿孙为了孝顺,虽然不喜欢刘大爷的种种表现,但也不敢忤逆他,只能一味忍让。

刘大爷晚间睡眠质量不好,经常失眠,偶尔有头痛,不时还有消化不良、胸闷气短等表现,很多事情容易往坏处想,儿子说要让孙子自己吃饭穿衣,不让他帮忙,刘大爷就会觉得儿子一定是嫌弃自己老了,其实儿子仅仅是想让孙子自己学会独立生活而已。

刘大爷上述种种表现从退休后一年就开始慢慢出现,其间心情良好的状态持续不超过2个月,非常影响他与家人的相处。因为脾气不好而导致的矛盾、误解与冲突,在家人间广泛存在(刘大爷退休后不愿意外出,所以与外人的矛盾还不明显)。

⋮

刘大爷这是怎么了?他以前是一个领导、学生、邻居交口称赞的人,怎么会变成这样?其实,刘大爷的这种情况属于心境恶劣。

心境恶劣是什么?心境恶劣是一种持久的心境低落状态(某些描述与抑郁症相似,但程度一般较抑郁症轻),常伴有焦虑、躯体多个系统不适、睡眠差,但无明显的少言寡语、少动或精神病性症状,生活并未受到严重影响。到目前为止,专家没有发现抑郁症与心境恶劣的明显不同,大多数专家认为心境恶劣就是程度较轻的一种情绪障碍。但是心境恶劣也不容轻视,就像上文中的刘大爷,他自己并没有意识到自己患病,但是大家可以看到他的变化多大,甚至严重影响到与家人的关系,而他自己也觉得很苦恼,内心很压抑。

如何判断心境恶劣

心境恶劣的判断:持久(至少 2 年以上,心情良好的状态持续时间不超过 2 个月)的轻度至中度抑郁表现,整个病程变化不明显,绝无以下任意一项表现。

(1)明显的不吃、不动、不语。

(2)早醒,症状白天重、夜晚轻,睡眠节律改变。

(3)严重的内疚或自责,甚至达到自罪妄想。

(4)持续的食欲减退和明显的体重减轻(并非躯体疾病所致)。

(5)自杀未遂。

(6)生活不能自理。

(7)精神病性症状(幻觉或妄想)。

(8)自知力严重缺损。

(9)躁狂症状。

② 什么人容易出现心境恶劣

在临床上,心境恶劣在女性中更为多见,女性患者大约为男性患者的两倍。心境恶劣患者的性格特点是遇事容易往坏处想、悲观、无幽默感、刻板、对事过分认真、多疑、吹毛求疵、怨气冲天,经常自责、自罪及自我贬低。心境恶劣的诱发因素可能是经历消极事件,如离异、丧偶、退休、患重病、人际关系紧张等。

与抑郁症不同的是,研究发现心境恶劣的患者在生物学上很少见到脑内有神经递质浓度及神经内分泌功能的改变。

③ 心境恶劣与其他疾病的区别

心境恶劣在临床表现上与抑郁症有很多相似之处,其他疾病中也会出现类似的抑郁表现,在临床工作中心境恶劣需要与其他一些常见疾病进行鉴别。

(1)抑郁症:与心境恶劣相比,抑郁症一般可以有也可以无明显的心理社会因素,病情较重,常为精神运动迟滞,最严重时患者可不吃、不动、不语,不会自动解大小便,医学上称之为木僵。可伴有精神病性症状,如妄想、幻觉、自罪、自责,甚至觉得自己罪大恶极;可伴有生物学方面的改变,如早醒、失眠,非躯体因素所致的明显体重下降(有少部分患者会表现为体重增加),抑郁情绪常有白天重、夜晚减轻的节律改变,通过内分泌检查会发现患者的激素水平有改变;可伴有严重的自杀企图或自杀未遂史及相关家庭史等。

(2)焦虑性障碍:焦虑性障碍有时也会出现抑郁症状,但焦虑性障碍的临床表现主要以心慌、紧张不安、过分的不必要的担心、惶惶不可终日为特征,老年人担心的主要是死亡、疾病、被抛弃、孤独等。老年患者一般无法很好地集中注意力,时间稍长就会出现疲劳、昏头涨脑等,做事效率下降。对于焦虑性障碍患者,抑郁不是首发症状,患者很少有兴趣减退、轻生观念、自我评价过低等,即便出现抑郁症状也不是持久的情绪低落,这些易于与心境恶劣进行鉴别。

(3)双相情感障碍:双相情感障碍患者从抑郁转变为躁狂时,有时也表现为易激惹,总是发脾气,此时对于疾病的整体把握就显得非常重要。

4 如何治疗心境恶劣

心境恶劣的发作持续时间通常较长,对患者影响较大,故需要治疗。心境恶劣一般采用心理治疗与药物治疗相结合的方法。

(1)心理治疗:心理治疗主要是发现患者内心的苦闷,如通过和刘大爷的沟通,了解他退休后的困惑。经过心理治疗,医生发现刘大爷在内心并未接受自己已经退休的事实,在家里仍旧喜欢像在课堂上对学生那样指指点点,角色没有完全转变过来,在课堂上他作为老师可能都是对的,可在家里与在课堂上完全不同,有些家务事无所谓谁对谁错。经过心理治疗后,刘大爷渐渐意识到家里没有大的是非,自己说的不一定是对的,凡事应该大家商量着来。退休之后,应该学会放手,需要重新定位社会角色,所以医生建议刘大爷多结交一些有共同爱好的朋友。同时医生也让家属了解到,不是刘大爷脾气怪,而是出现了心境恶劣,作为家人应该对患者多一些理解和宽容,当患者感到失望、挫败时,给患者多一些时间去适应、去改变、去宣泄,给予患者信心、勇气、肯定与赞赏是非常有必要的。

(2) **药物治疗**:针对心境恶劣,主要是使用抗抑郁药,用量不宜过大,但治疗时间宜偏长。一般临床上会选用选择性 5- 羟色胺再摄取抑制剂(SSRIs)或选择性 5- 羟色胺及去甲肾上腺素再摄取抑制剂(SNRIs)治疗。老年人一般不以三环类或者四环类抗抑郁药作为首选,三环类或者四环类抗抑郁药虽然效果尚可,但对老年人来说更容易引起抗胆碱能反应,主要表现为口干、便秘、小便不畅,另一个比较常见的不良反应是影响心脏传导。有时也可合并使用小剂量苯二氮䓬类药物。

对于心境恶劣,药物可以改变去甲肾上腺素或 5- 羟色胺在脑内浓度下降等状况,但是笔者更推荐以心理治疗为主,药物治疗为辅的方式。当然,如果病情严重,该用药就要用药,如果在心境恶劣的基础上并发抑郁症,就应按照抑郁症进行治疗。

(罗亚)

第七篇

老年丧失

案 例

李爷爷的故事

　　李爷爷今年 68 岁,是某机关的退休干部,近半年来总是闷闷不乐,自觉心里烦躁,看什么都不顺眼,总爱跟自己的老伴儿生闷气,吃饭很少,晚上睡眠质量差,近半年体重下降约 6kg,家人劝说无效后李爷爷被女儿送来医院进行心理咨询。女儿称父亲年轻时非常能干,做事干练、思维敏捷,创新思维很强,在单位当领导期间总是不断创新,为职工谋福利,为单位创效益,所以深得领导的赏识和职工的爱戴。李爷爷 60 岁时本应退休,但是由于他工作成绩亮眼,被单位返聘 5 年,65 岁才正式离开单位。目前李爷爷的儿子在国外工作,女儿在另一个城市工作,1 年前老伴儿被诊断出胃癌,做了手术,李爷爷承担起照顾老伴儿的责任。目前老伴儿身体情况比较稳定,半年前李爷爷体检发现肺部有一个结节,医生建议继续观察,半年后复查,但李爷爷很悲观,担心自己是得了癌症,经常唉声叹气,但在家人面前还故意表现出满不在乎的样子,其实家人知道他内心是很难受的。

∶

① 什么是老年丧失

人从出生到死亡,会经历许许多多的事件,有高兴的,有悲伤的,有成功的,也有失败的,需尝尽人生的酸甜苦辣。老年人到了退休年龄,会丧失工作、权力、地位,经济收入减少;社交圈逐渐变得狭窄,丧失人际交往;身体慢慢变差,丧失健康……此外,老年人还会面对亲人或朋友的死亡,所有这一切就是老年丧失。

② 老年人会面临哪些丧失

(1)退休带来的丧失:老年人退休后会面临很多的变化和不适应:上班期间整日忙忙碌碌,充实而快乐,退休之后工作明显减少,生活节奏变慢,生活的规律和生活的环境都发生了很大变化;在工作时,老年人会获得价值感,被年轻人尊重,特别是老干部或专业成绩卓著的成功人士,自尊感更是明显,但退休后尊敬和崇拜自己的人少了,自己的社会地位、权力范围发生了明显变化,这会让老年人感到明显的落差。案例中的李爷爷在退休前工作能力强、权力范围大,受到周围人的尊重,而退休后每天面对的只有家人,自己的才能没办法施展出来。

(2)健康的丧失:老年人由于躯体衰老、组织器官生理功能衰退,会面对各种各样的健康问题,如视力、听力减退,触觉迟钝;骨质疏松,肌肉功能下降,步态蹒跚;动脉硬化,血管弹性减退,血压升高;脑血流量减少,神经细胞萎缩,大脑供氧量降低,导致记忆力减退、思维迟钝;胃肠蠕动减少、黏膜萎缩,导致消化功能减退……老年人会明显感受到精力、体力大不如前,疾病如影随形。案例中的李爷爷,先是老伴儿患上了癌症,接着又在体检中发现自己肺部有一个性质不明的结节,所以特别的担心、焦虑。

(3)亲人的生离死别带来的丧失:如配偶的去世,会让老年人在精神上经受沉痛的打击,配偶和自己生活几十年,情感上相互依恋、相互支持,生活上相互照顾,配偶的去世会让老年人在生活上和情感上发生很大的变化。如果子女离世,老年人就要承受白发人送黑发人的悲痛。此外,老朋友、老同事等的离世也会给老年人带来心理上的打击,再加上老年人自身健康情况的变化,会让他产生对死亡的恐惧、焦虑情绪,使其对生活产生消极、悲观的情绪。

华西心理卫生系列图书
老年情绪问题患者及家属手册

（4）**人际关系的丧失**：随着子女长大成人，他们或因为求学深造，或因为成家立业，会像小鸟离巢一样离开父母、家庭，从而形成了一个个空巢家庭，原本热热闹闹的家庭氛围变得寂静起来。由于老年人身体衰弱，加之疾病缠身，社会活动减少，导致社交圈明显变窄，缺乏人际交往会让老年人感到孤独、寂寞。案例中的李爷爷儿子在国外工作，女儿也不在身边，自己和老伴儿所处的正是空巢家庭。

（5）**自我价值的丧失**：老年人感到听自己话的人正逐渐减少，自己对家人或亲友的建议、劝告往往不被重视，周围人不再关注自己，觉得自己失去了存在的价值。还有些老年人由于疾病缠身，需要子女的照顾，就会认为自己拖累了家人，给家人和社会造成了负担。

3 老年丧失对老年人的影响

老年人会经历退休、身体健康状况下降、亲人朋友离世、社交圈变窄等生活事件,这些生活事件可能导致老年人产生应激反应。所谓应激反应就是指一个人遭遇对其产生强大影响的生活事件时,引起的心理、生理和行为的改变,引起应激反应的生活事件被称为应激源。当一个人面临应激事件时,可以出现躯体反应和心理反应。

(1)躯体反应: 人在经历应激事件后可能出现以下一些躯体反应:来回走动、坐立不安、手抖、小动作增多;食欲下降,有时有腹胀感,严重者还会出现腹泻或便秘等症状;头晕乏力,易疲倦,有时还会有全身疼痛的感觉;难以集中注意力;睡不着、早醒或者睡得浅;性功能下降,性欲减退。

(2)心理反应: 人在经历应激事件后可能出现以下一些心理反应:反应性焦虑,如总是担心有对自己或家人不好的事情发生,烦躁不安、紧张,严重者会出现恐惧,自感大祸临头,惶惶不可终日;反应性抑郁,如情绪低落,对任何事都提不起兴趣,不想出门、不想说话,对生活、前途没有信心;反应性情感暴发,老年人面对应激事件时出现捶胸顿足、手舞足蹈、号啕大哭或谩骂、冲动毁物等情感暴发表现;反应性情感淡漠,老年人面对应激事件时面部表情呆板、冷淡,对外界事物缺乏应有的情感反应,即使面对和自己有密切关系或对自己有利害关系的事情也无动于衷,对周围的人或

华西心理卫生系列图书
老年情绪问题患者及家属手册

事漠不关心,好像与自己无关。严重者可出现不语、不动、不吃、不喝的状态。

以上躯体反应和心理反应往往相互联系、相互影响,心理反应可导致或加重躯体反应,躯体反应又反过来加重心理反应,常常形成一种恶性循环。

4 面对老年丧失,老年人自身的应对策略

(1)**调整心态**:老年人应该正确、客观地面对老年丧失,认识到老年丧失是人生的自然规律。

(2)**及时识别应激反应**:若自己在一系列应激事件后出现了前面谈到的各种躯体反应或心理反应,老年人要及时地觉察、识别。其实一些小的应激事件对人的危害不会太大,老年人可以此提高自己的应对能力,以利于今后应对更大的应激事件。

(3)**积极表达自己**:遇到应激事件时,可以向自己的亲人朋友讲述,当自己出现应激反应时,也应该及时向周围人倾诉。倾诉是解决问题的非常重要的方法,通过倾诉可以缓解自己的负面情绪,包括焦虑、紧张、恐惧、烦躁、抑郁等。

(4)**疏泄情绪**:其实老年人的情感很脆弱,每当感到伤心、痛苦时,可以独自哭一会儿或者找一个可信赖的人哭诉一下,哭泣是一种很好的发泄情绪的方式。当然,也可以通

过写日记、写诗、写文章等方式疏泄情绪。对于丧偶的老年人，可以在特殊的日子祭奠自己的老伴儿，和老伴儿说说心里话。

(5) **转移注意力**：老年人应该将生活重心从工作、培养孩子转移到其他事情上，做自己感兴趣的事情，发挥自己的优势和特长。老年人需要培养一些兴趣爱好，做到老有所乐。同时建议老年人应该继续加强学习，坚持每天读书看报，学习新事物、新知识，使自己能够适应社会发展，与时俱进。

(6) **坚持锻炼**：生命不息，运动不止，老年人应该坚持运动，防病治病，保持身体健康。身体健康水平和情绪是相互联系的，强壮的身体有助于保持良好的心态和积极正向的情绪，长期生病则会导致消极情绪，甚至影响自己的心态。

(7) **参与社会交往**：老年人要主动进行社会交往，联络老朋友、结交新朋友，彼此论今忆昔，谈天说地，交流信息，增进友谊。可以鼓励老年人积极参加老年大学、老年活动等，消除他们的孤独感。

(8) **寻求支持**：一个人一般有三大支持系统，即家庭、单位和社会。面对应激事件时，别一个人扛，要积极寻求支持，包括物质上的、情感上的、道义上的支持，必要时可以寻求心理咨询或药物治疗。

5　面对老年丧失，家人或照顾者的应对策略

（1）**陪伴老人**：子女或家人要尽量多找时间陪伴老年人，了解他们的心理状态，多和他们聊聊天儿、多倾听他们的诉说。老年人说话往往很啰唆，子女或家人要接纳他们，认真倾听他们的讲述，不要表现出不耐烦。

（2）**尊重老人**：遇到事情应该多和老年人商量，听听他们的意见，这样老年人才能感受到被子女所用，才能感受到他们的价值感。

（3）**鼓励老年人养宠物**：照顾宠物可以转移注意力，让老年人有事可做，老年人在照顾宠物的过程中可以释放自己的爱心，让自己有精神寄托。

（4）**鼓励老年人做力所能及的事情**：鼓励老年人做一些力所能及的事情，如种花养鱼、买菜做饭、画画下棋等，既可以消除孤寂的感受，又可以减缓社会功能衰退。

李爷爷需要面对很多老年丧失，因此出现了食欲下降、体重减轻、睡眠障碍等躯体反应和情绪低落、焦虑、烦躁等心理反应,这些都属于应激反应。李爷爷和他的家人若能采取上文所述的应对策略,调整心态、积极应对,那么李爷爷一定能够享受幸福、快乐的老年生活。

（黄雪花）

第八篇

家庭代际关系问题

案 例

孙婆婆的故事

　　孙婆婆今年 65 岁,高中文化,退休 10 余年,既往在一家国营单位从事会计工作,做事追求完美,个性要强。孙婆婆有 2 个儿子,1 个女儿,均已成家,家庭经济条件尚可。退休后孙婆婆和老伴儿与小儿子一家生活,由于儿子及儿媳上班均比较忙,孙婆婆和老伴儿便承担起了照顾孙子的工作。由于他们对孩子过于溺爱,孩子逐渐变得骄纵任性,在带孩子的方式上以及教育问题上,孙婆婆和老伴儿与儿子儿媳的观点完全不一样,两代人经常因此发生争执,家庭气氛开始变得不和谐,有时甚至因为一些生活琐事闹矛盾,导致大家都不开心。孙婆婆逐渐变得心情烦躁、容易发脾气,经常独自哭泣,不想与家人沟通,觉得儿子儿媳不孝顺,同时还出现了晚上入睡困难、食欲下降、体重下降、全身乏力以及游走性疼痛等表现,到医院做了常规体检却没有任何异常发现。

⋮⋮

孙婆婆一家的情况正是家庭代际关系问题引发老年情绪问题的典型案例之一。那么,什么是家庭代际关系?家庭代际关系与老年情绪问题的相关性,以及针对这类情绪问题,我们应该如何处理呢?

1 什么是家庭代际关系

在理解家庭代际关系之前,我们先简单介绍一下何为代际关系。所谓代际关系,简单地讲即是指在一定时期内社会中相邻几代人之间的关系,它实际上是一种社会关系,会随着人类社会的发展而不断发生变化。由于其包含不同年龄段的组成成分,每一代人所处的社会发展情况存在很大的差异,致使他们的社会经历、所受的教育等均会有所不同,代与代之间在思想、价值观念、生活态度以及兴趣爱好等方面也会存在较大的差异。由于这些差异的存在,不同代际的人对同一事物、同一问题就会持有不同的看法,从而采取不同的行动,因此就容易产生代际冲突,进而引发相关的社会心理问题。

狭义的代际关系，即家庭代际关系，指的是家庭内的因血缘或姻缘而产生的代际关系。像孙婆婆一家，即存在三代人之间的代际关系，由于三代人的社会经历、所受的教育、社会地位等不同，具有不同的价值观念和生活态度，因此不可避免地会出现案例中提到的家庭代际关系问题，孙婆婆甚至因此而出现了老年情绪问题。

② 家庭代际关系与老年情绪问题的关系

总的来讲，家庭代际关系会对家庭中的每一个成员造成影响，包括老年父母与成年子女之间、成年父母与未成年子女之间，以及祖辈与孙辈之间，且涉及家庭生活当中的各个方面。本文重点介绍家庭代际关系对老年人情绪造成的影响。

随着父母的年龄逐渐增长以及子女成年、婚配、生育等事件的发生，家庭结构发生了变化，家庭成员的组成成分、各自的家庭角色、承担的责任、享有的权利等也随之发生变化。这些变化打破了以往长时间建立并且稳定下来的家庭代际关系，需要建立新的家庭代际关系，所有的家庭成员都需要一个重新适应的过程。相较于成年子女，老年人学习和接受新信息、新事物的能力下降，因而需要的适应时间更长。由于他们在老年期往往经历更多的丧失事件,如失去工作、失去健康、社交活动减少、亲人或朋友离世等,很容易发生情感冲突,引发老年情绪问题。

通常家庭代际关系涉及多方面内容,从不同的角度出发,其涵盖的内容有所区别。从日常生活的角度出发,家庭代际关系主要包括家庭经济、生活照料以及日常情感沟通等内容。

(1)**家庭经济**:对于老年人,由于其收入来源逐渐减少,家庭经济格局开始从父母对子女的支持转变为成年子女对老年父母的支持,尤其对于那些完全没有退休金或养老保险的老年人,他们要维持正常的老年生活,主要依靠成年子女提供经济支持,老年人在家庭中的地位和威信也随之逐渐下降。此种情况势必会对老年人的情绪造成不良影响,而与家庭代际关系较好的家庭相比,家庭代际关系不好的老年人更容易对自己的养老和健康等问题产生担忧情绪,容易对自己能力的下降产生自卑和悲伤感。如果这些情绪持续时间较长,则有可能发展为老年情绪和躯体障碍,进一步加重老年人及其家庭的心理和经济负担,形成恶性循环。

(2)**生活照料**:随着老年人自我照料的能力下降以及各种健康问题的出现,他们对于成年子女的照料需求也逐渐增加。对于家庭代际关系较好、成年子女较多的家庭,老年人的生活照料问题常常并不明显,子女可以轮流、相互分担对老年人的照料责任。然而,对于成年子女较少(尤其是独生子女)的家庭,由于成年子女本身存在较大的生活和工作压力,对老年人的生活照料很难做到全面细致。如果再加上家庭代际关系不好,那么老年人的生活照料则只能依靠自己,这必然使老年人的身体和心理面临严峻的挑战,很容易在这种状况下产生各种躯体和心理疾病。

(3)**日常情感沟通**:由于现代社会生活节奏加快,家庭成员之间的情感沟通越来越少,作为家庭代际关系的重要内容之一,日常情感沟通存在的问题以及带来的影响已不容回避。成年子女在经过一天繁忙的工作后,回到家里往往希望能够安静下来好好休息,很容易忽视与父母的情感沟通。老年人看到子女下班后疲惫的模样也会觉得心疼,不忍耽误他们休息的时间。同时,随着老年人身体功能逐渐衰退,他们往往希望成年子女给予他们必要的支持和帮助,相较于物质上的支持,他们更渴望子女孝顺,希望能与晚辈多进行情感上的交流,以避免因长时间缺乏沟通而产生无用感、自卑感和孤独感等负面情绪,以更好地适应老年生活。

3 家庭代际关系问题引发的老年情绪问题的应对措施

对由于家庭代际关系问题引发的老年情绪问题,最根本的应对方法自然是建立良好的家庭代际关系,这需要老年人和成年子女双方,以及社会的共同努力。

老年人需要增强自我调适能力,通过学习和了解老年人的心理特点及其发展规律,逐步进行自我调节和心理保健,学会自我安慰,增强自我独立意识。此外,老年人可以通过自我帮助来减少对成年子女的依赖,通过群体内部的互帮互助来提高应对家庭代际关系问题、文化冲突等方面的心理能力,促进家庭代际关系良好发展。

同时,成年子女应当传承孝道,除了关注父母在物质上的需求之外,还需要重视他们的精神情感需求,注重与父母的情感联系,从老年人的角度和立场考虑问题,多关心老年人的心理感受,了解老年心理健康知识,通过加强情感沟通来弥补老年人的丧失感、孤独感,以关怀理解来消除代际矛盾,使老年人得到应有的尊重和爱戴,以提高他们的幸福感和生活质量。

此外,在人口老龄化问题日益凸显的今天,社会的支持对于建立良好的家庭代际关系也具有十分重要的作用,尤其在社区,我们可以通过开展丰富多彩的老年活动和健康知识讲座来增强老年人的心理保健意识,促进其建立良好的生活方式,鼓励他们参加各种活动和锻炼,增强其自尊心和自信心,既丰富了晚年生活,又提高了老年人的心理健康水平,对改善老年人的生活质量具有积极作用。

总之,建立良好的家庭代际关系,对于预防老年情绪问题具有积极的作用,并将给所有家庭成员带来有益影响。上述这些措施有助于建立和维护稳定和谐的家庭代际关系,供大家参考。当然,还有很多其他的方法和措施,需要我们不断地学习和探索。

(夏倩　汪辉耀)

第九篇

退休综合征

案 例

老李的故事

　　老李是某高校的校长,负责了学校中的很多工作,在学校很受教师和学生的尊敬,他也习惯了每个人都叫自己李校长。他工作认真负责,每天早上5点左右起床去学校操场上跑步,然后再去上班,身体一直很好。老伴儿把家照顾得很好,买菜、做饭都没有让老李操过心,一双儿女在外地工作,也已成家立业。转眼,老李就到了退休的年龄,办理完退休手续后,他突然感觉内心很失落。坐在走廊里看见在职的同事匆匆忙忙,都做着各自的事,自己却成了旁观者。第二天,老李如往常一样早上5点就起床,去学校操场跑了一圈,习惯性地朝办公室走去,走到半路才反应过来自己已经退休了,想着索性帮着家里买菜吧,于是到家拿了菜篮去菜市场,可却发现这么多年来都是老伴儿在买菜,自己竟不知道菜市场在哪里。老李回到家,不知道该干什么,该去哪里,一天那么多的时间不知道该怎么打发。老李开始变得焦躁不安,唠唠叨叨,对老伴儿变得挑剔,总嫌老伴儿做的饭不合胃口,常常为了一些小事大发脾气,还经常打电话抱怨儿女对自己不关心。老李晚上开始睡不着觉,早上5点左右醒过来又不敢再去操场跑步,怕见到老同事,怕别人见到自己不叫"李校长"而是"老李"。老李整日把自己关在家里,不停呻吟,反复说自己心慌气短、全身发抖,老李的家人也感到很困惑,不知道该怎么办,于是把老李带到医院,医生说老李出现了退休综合征。

$$\vdots$$

1　什么是退休综合征

退休综合征是一种发生在老年期典型的心理、社会适应不良性疾病,是一组复杂的心理反应。老年人经过长时间的生活磨炼,形成了比较固定的心理状态。退休之后,由于所处环境和生活规律突然改变,使得老年人不能适应在社会角色、人际关系、生活环境、经济待遇和生活方式等方面发生的变化,因而出现焦虑、抑郁、紧张、愤懑、恐惧、自卑、强迫、多疑等情绪反应,还可伴发某些生理改变,如心悸、肌肉颤抖、失眠多梦、夜尿、便秘等。大多数老年人经过一段时间的自我调适,能安然度过这个短暂的不适应期,在新的生活环境中重新建立起良好的生活方式及和谐的人际关系。但有一部分老年人,他们的不适应期较长,出现情绪上的消沉和行为上的偏离常态,引起疾病的发作,并严重影响健康,临床上将这种情况统称为退休综合征。

② 影响退休综合征的形成因素

(1) **家庭**:人类最初的社会化是从家庭开始的,因此家庭是影响人类行为的一个极为重要的社会环境因素。健全、和谐的家庭给老年人以无限的温馨和安宁,让老年人有幸福感。相反,家庭成员缺失、家庭成员关系不和谐、家庭经济负担过重的老年人容易出现退休综合征。

(2) **工作单位**:工作单位是一个人贡献一生的青春时光、创造和实现自我价值和社会价值的地方。退休就意味着老年人在社会中的角色丧失和社会价值实现过程的中断。能让老年人实现自我价值和社会价值的单位往往会让老年人满意地退休。相反,从不能满足这种追求的单位退休甚至被迫退休的老年人,易出现退休综合征。

(3) **工作性质**:老年人退休前如果是领导干部,则易出现退休综合征,因为他们在退休后不能再有以前工作上的权力,老年人对这种巨大的心理落差往往难以适应。如果老年人在工作中还未实现自我价值和社会价值,不能发挥自己的一技之长,则他们也不愿退休,这类老年人也易出现退休综合征。

③ 老年人应该如何应对退休综合征

(1)提前做好退休的心理准备：老年人可以在快要退休的前一年或半年时间里为即将来临的退休作好准备。制订退休计划对老年人来说是一项很有用的措施。退休计划一般包括经济上的收支平衡计划,生活上的安排和身体保健,以及对老年配偶的生活照顾等。研究表明,退休前曾做过妥善计划的老年人适应能力更强,会产生安全感,对退离原职泰然处之,在退休后 6 个月就能适应新的生活方式,反之则会出现退休综合征。

(2)面对退休,调整心态：老年人应能领悟社会的进步,顺应社会的需要,努力培养适应新事物、新环境的能力。要树立"长江后浪推前浪,一代新人换旧人"的社会发展观,主动适应新的形势和环境并及时调整自己。一些老年人执着于事业的精神值得敬佩,但是也应该认识到"事业无止境,人生却有限",只要尽到了自己的力量,退下来给年轻人留下发展空间也是一种把事业继续下去的可取途径。老年人完成事业的最好方法就是教会年轻人怎么做,也就是培养好接班人。

(3)**发挥余热,培养业余爱好,丰富退休生活**:老年人退休后,找一些适合自己的事情去做,增添生活情趣,可以为退休生活添上一笔重彩,为人生做一个完美的谢幕。可以利用自己的一技之长和丰富的工作经验及人生阅历继续为社会发挥余热,如可以做顾问、做校外辅导员、参加公益活动、为残疾人筹集义款等。老年人还可以开始培养退休前没时间培养的个人业余爱好,如种花养草、集邮收藏、参加体育活动或是撰写回忆录等。

(4)**构建和谐的、积极向上的人际关系网络**:老年人最大的痛苦是孤独,拥有一个能给自己带来归属感和安全感的群体关系组织,对于老年人是十分必要而有益的。这个网络的核心层是与配偶的关系。和谐的夫妻关系是长寿的秘诀之一。第二层是血亲关系,就是与子女以及姻亲的关系。老年人与晚辈要亲善相处,构建良好的代际关系是保证老年生活和谐的一个重要因素,把晚辈放在平等的位置更容易建立良好、和谐的家庭代际关系。第三层是社会关系,主要是指朋友和曾经的同事关系。老年人退休后应该与老朋友、老同事多走动或通过电话、网络、书信多联络,以保持和发展上述关系。同时,老年人应该善于发展新的社会关系,如参与一些适宜老年人生活的社会团体活动以结交新朋友。

华西心理卫生系列图书
老年情绪问题患者及家属手册

④ 家人应该如何帮助老年人应对退休综合征

目前家庭仍是中国老年人主要的养老支持体系，是老年人精神寄托的主要来源。家庭应该采取积极措施帮助老年人应对退休综合征。首先，家人可以营造融洽氛围，热情温馨地接纳老年人。其次，子女要多利用空余时间陪伴老年人，陪他们聊天儿、陪他们一起娱乐，如父子对弈、家庭体育运动会或是茶余饭后外出散步等，这些活动可以帮助老年人渐渐忘却退休的阴影,很快融入家庭生活中。再次,要对老年人嘘寒问暖,老年人身体不适时要尽可能地给予他关心照顾,哪怕是一句简单的问候都会起到减轻老年人痛苦的作用。最后,要特别留心老年人的精神状态,因为他们的心理变化和情绪波动有时会像小孩一样变化无常。家人要及时察觉老年人的情绪变化,必要时可以请老年人信任的人或专业人士介入。

5 退休老年人如何合理寻求和利用社会支持

(1)**保持与原单位的联络,必要时寻求帮助**:摆正心态,虽然人生最美好的时光和精力都奉献给了单位,但单位的发展需要新人的不断加入,退休前处理好一切事物,不要带着遗憾甚至愤懑离开单位。平和地接受即将来临的退休生活,正确看待退休工资、福利、养老、医疗等待遇,不要有后顾之忧。与单位保持联络,有特殊困难时可向单位反映,寻求帮助。

(2)**融入社区生活当中,及时到社区"报到"**:老年人退休后在社区找到归属感,减少并消除退休后的失落感、孤独感,直接决定了退休后的生活品质。要积极参加社区为老年人组织和开展的各种有益于身心健康的活动,包括娱乐、学习、游戏、体育活动、公益活动。让自己老有所为、老有所用、老有所乐。

(3)**利用闲暇时间,上老年大学**:老年大学虽然面对老年群体,但是老年教育却是最年轻的教育。它可以帮助老年人增长知识、丰富生活、陶冶情操、促进健康,使老年人老有所学。

(4)**定期体检**:合理利用医疗资源,让自己愉快且有质量地度过老年生活。老年人可多了解关于退休综合征的症状,对自己或老伴儿的退休后生活适应程度进行简单评估,识别一些简单的症状,及时就医,寻求专业医疗机构的帮助,通过心理咨询或者药物治疗使自己或家人远离退休综合征的困扰。

(高霞)

第十篇

空巢综合征

案 例

陈婆婆的故事

　　陈婆婆今年 70 岁,高中文化,退休 10 余年,既往从事教师工作,家中有 1 个儿子,1 个女儿,均已成家,但都在国外生活。退休后陈婆婆和老伴儿李大爷靠退休金在国内生活。由于儿女常年在国外,陈婆婆和李大爷的日常生活问题通常都靠自己来解决。陈婆婆平时身体状况较差,患高血压 10 余年、糖尿病 5 年,5 年前还因突发脑梗死留下左下肢瘫痪的后遗症,需要李大爷照顾。儿女曾接两位老人到国外生活,但是由于陈婆婆和李大爷无法适应国外的饮食,再加上语言问题以及就医不便,两位老人又不愿增加子女的负担,所以在国外居住了很短一段时间后便回国生活。随着两位老人的身体功能逐渐下降,日常生活能力也开始下降,有时需要寻求周围邻居和社区工作人员的帮助。陈婆婆和李大爷也曾尝试请保姆来照顾自己,但是由于陈婆婆的身体状况较差,保姆往往因为劳动强度太大而提出辞职。最后,他们只能请钟点工帮忙做做饭,收拾一下家务,但是大部分的家务和照顾陈婆婆的重担还是要李大爷来承担。看着李大爷每天辛苦地做家务,照顾自己,陈婆婆觉得很内疚,觉得李大爷太辛苦,经常背着李大爷哭泣,晚上睡眠也开始出现问题,严重时整夜不能入睡。因为这些,陈婆婆产生了一些消极的想法,希望早些走到生命的尽头,不想拖累李大爷。

陈婆婆和李大爷的情况符合典型的空巢现象,陈婆婆出现的一些情绪和睡眠问题是空巢综合征的常见表现。

1 什么是空巢现象和空巢综合征

受到社会经济发展和劳动力迁徙等因素的影响,家中成年子女常年在外地工作、生活,甚至定居,使得原有家庭出现空巢现象,仅遗留劳动力较低的老年人在家里,他们被称为空巢老人。空巢老人由于长期与子女分居,缺乏良好的身心照顾,加之年迈衰弱,极易产生孤独感、失落感、自卑、沮丧、郁郁寡欢、万念俱灰等负性情绪,甚至产生厌世自杀念头,心理学家把这些反常的心态以及由此引起的一系列心理、生理的变化称为空巢综合征。空巢综合征可导致内分泌系统、中枢神经系统和免疫系统功能紊乱、失调和减退,容易出现睡眠障碍、头痛、乏力、心慌气短等症状,有可能诱发或加重冠心病、高血压、支气管哮喘、胃及十二指肠溃疡等躯体疾病。

② 空巢综合征的心理调适和康复

影响空巢综合征的因素很多,如家庭成员的文化程度、经济状况、配偶的健康状况、压力应对方式、日常生活能力,以及社会支持状况等。因此,应对空巢综合征,我们必须结合个人、家庭、社会等多个环节来综合考虑,制订有效的防护措施来促进空巢老人的心理健康。

空巢老人应从自身出发,改变观念,正确面对空巢的现实,保持健康的心态,提高自我调节能力,树立正确的健康和疾病观念。认识到由于身体器官生理功能的衰退,出现体弱多病是普遍现象,不必过于敏感,应承认生理功能衰退这一客观事实,并正确对待,泰然处之。

在身体健康状况较好时,要规律作息,培养健康的生活习惯,多参加社会活动,健身锻炼,广交朋友,培养幽默感及乐观积极的生活态度,宽容地对待生活中的人和事。做一些力所能及的事情,充实自己的内心世界,这样有利于克服或减少无用感、颓废感和空虚感,减轻心理负担。当遇到不如意的事情时,需要理智冷静地处理,进行自我调节。培养一些兴趣爱好,丰富精神文化生活,修身养性,提高适应能力,创造良好的心境以预防或减少心理问题的发生。此外,对于有一技之长的空巢老人,也可以尝试重返社会,发挥余热,重新确立生活目标,以达到克服空巢心理的目的。

在家庭方面,成年子女不仅生活上要给予空巢老人照顾,更要注重在心理上的支持。其实老年人的需要很简单,只要子女打打电话,经常和他们聊聊天儿,给予他们必要的关心,听他们说说话,也许他们具体说些什么并不重要,只要听他们说,与他们保持沟通,他们便会在情感上得到满足。这样,即便与子女分处各地,彼此的心仍然联系在一起,让老年人感觉自己并不孤单。

此外,由于空巢现象是一个社会问题,全社会都应重视空巢老人这个特殊的群体,并提供必要的支持,尤其是精神上的支持。可以通过社区平台,建立社区养老服务队伍、建立老年人交流俱乐部、老年人关怀机构等,以丰富老年人的业余生活。组织丰富多彩的文体活动,营造有利于老年人身心健康的社会氛围,多关心、理解空巢老人,并为他们提供必要的帮助。同时,还可以开展一些健康知识宣教,为老年人提供预防保健服务,对他们关心的养老和健康问题组织定期或不定期的答疑解惑活动,帮助他们进行心理调适,维护身心健康,摆脱空巢综合征的阴影。此外,对于生活存在困难的空巢老人,应该提供一些生活照料、家政服务等帮扶项目,对有严重躯体疾病或心理问题的老年人,还应该采取积极的健康保健服务和心理疏导。

总之,空巢现象作为人口老龄化过程中比较突出的社会现象,给老年人带来了诸多心理问题,包括空巢综合征,若老年人适应不良,极易诱发各种躯体和心理疾病,给家庭和社会带来各种负担,对社会发展具有一定影响,是目前社会必须高度重视的问题。通过空巢老人的自我调适,子女的关心、社会各界的关注和支持等,对提高空巢老人的生活质量和心理健康水平具有重要的意义。

(夏倩　汪辉耀)

第十一篇

其他老年期常见问题

"执子之手,与子偕老"是中国人对婚姻的美好追求。然而,老伴儿离世、不和分手、移情别恋等原因使部分老年人白头偕老的浪漫期待难以实现。满头华发的老年人再次面对婚姻,平静之下难免会有许多困惑和烦恼,老年人如何再次走进婚姻的殿堂,撑起余生之路?

老年人再婚需要面对的问题很多,需要老年人、家人和社会智慧地处理。老年人再婚包括如下情形。

(1)原来的婚姻并不幸福,人到老年,想为自己争取更加幸福的晚年,于是离婚、再婚,再婚是为了寻找幸福。

(2)老伴儿离世,形单影只,希望找个伴侣相互关心照应,再婚是为了获得恬静的晚年生活。

(3)独处的老年人,因诸多原因个人生活困难,再婚是想找个伴侣照顾自己的生活起居。

(4)少数老年人再婚,有可能是由于家庭、社会等的外在需要。

不管何种情形,老年人再婚,当事人可能需要面对很多关口。

第一关:自我接纳关。 老年人可以问问自己:我的心理和身体能够很好地去适应下一次的婚姻家庭生活吗? 能接纳未来的老伴儿吗?

第二关:接纳他人和被他人接纳关。 幸福的再婚目标是消除孤独,感受爱并给予伴侣爱。再婚的老年人和年轻人一样,需要学习爱和接纳对方以及被对方爱和接纳。

第三关:**子女家庭关**。一般而言,老年人再婚不是两个人的事,他们的子女对父母再婚也会有一些看法和主张,财产分配问题、赡养问题等,这些往往成为中国老年人再婚的主要障碍。

第四关:**"性福"关**。追求性生活的快乐是人的基本权利,老年人也不例外,但和谐的性生活需要双方配合,勉强不得。老年人再婚往往会因为男女双方生理能力和性要求的差异而埋下不和谐的种子,难免会产生各种心理困惑,甚至造成诸如失眠、焦虑、抑郁等方面的精神问题,这需要本人、家庭和社会认真对待。

不同的问题,需要用不同的方法来解决,如下的建议可供参考。

(1)**认真对待,不冲动,更不要盲动**:不管有多少理由或压力,老年人再婚都应该从"我"的需要出发,认真考虑,幸福的婚姻来源于爱。

(2)**相信自己有爱的能力和方法**:相信自己可以让新伴侣更幸福,如果两个人兴趣爱好相似,那就一块儿品味生活的美好;如果两个人兴趣爱好差异很大,那就保持尊重和欣赏。

(3)**无规矩不成方圆**:老年人再婚前应该就一些敏感的事情有所交代,如财产、家庭、赡养等问题,最好进行公正,这是一种负责任的办法,是一种理性和期待可持续发展的思路。婚姻是人生的一件大事,老年人再婚也是一样,冲动和盲从可能会留下隐患。

(4)"咱们结婚吧":有不少老年人出于多方面的原因选择共同生活但不结婚,这种方式让老年人的一些合法权益无法得到保护。律师建议即使不愿领证,双方也应签订一份协议书,以明确双方在共同生活时的一些问题,如对于双方在共同生活期间的收入、债权债务、必要的生活花销及共同生活后积累财产归属,生病后医疗费用的支付等,这些都应以书面的形式加以明确约定。

(5)**保持对"性福"的追求和满足**:和谐的性生活,对于老年人来说不但是可行的而且是有益的,它可以给双方带来感情上的慰藉和满足,消除孤寂,增进夫妻亲密感情,焕发青春、延年益寿。对于再婚的老年人而言,有必要放弃对以前夫妻生活的眷顾和比较,寻找适合双方的性生活方式,不拒绝,不强迫,让对方知道你的需要、你的态度,达成默契。

老年人再婚后,难免经历风雨,相识、相恋、相守,"聚"急不得,"散"快不得,遇到问题应积极面对,遇到难以解决的情况可以寻求专业的帮助。

华西心理卫生系列图书
老年情绪问题患者及家属手册

案 例

窦婆婆和杨阿婆的故事

$\vdots$

　　窦婆婆今年 70 多岁了,早年丧夫,独自一人将两个儿子拉扯大。虽然生活过的不容易,但窦婆婆却很乐观开朗,爱唱、爱跳、爱帮助他人,倔强坚强的她从未因为生活艰难而抱怨半个字。眼看儿子都结婚成家了,却没有人愿意主动赡养窦婆婆,几经商量后两个儿子决定让窦婆婆在每个人家各住一个月。慢慢地,窦婆婆变得不爱说话,常常独自哭泣,不愿见人,人也日渐消瘦。每个月末对她来说是一个极其担忧和不愿意面对的日子,因为如果当月只有 30 天还好,到了次月 1 号下一家儿子会主动来接她,但如果当月有 31 天,日子就难熬了,上一家儿子会在 31 号早上将窦婆婆赶出家门,而下一家儿子只会等到下个月 1 号早上才来接她,这就意味着在 31 号当天窦婆婆要独自一人露宿街头,忍饥挨饿。窦婆婆也曾经反抗过，但那只会让儿子儿媳对自己更加不好，给自己脸色看、给自己吃剩菜剩饭，甚至拳脚相加。后来，窦婆婆再也不敢提什么要求了，一言一行都小心谨慎，生怕被赶出家门。

　　杨阿婆膝下有两儿一女，儿女们从小学习成绩就很好，杨阿婆从不让他们干农活，一门心思让他们好好学习，她的儿女没让她失望，成为村里少有的大学生，那时每当谈论到孩子，杨阿婆脸上总会露出自豪的笑容。如同读书一样，子女的工作、婚姻也都没让杨阿婆操心。慢慢地，子女先后有了自己的小孩，杨阿婆被他们接到城里帮他们带小孩，一带就是 10 多年。当邻居们以为杨阿婆会从此和子女生活在城里不再回乡下时，杨阿婆突然回来了，脸上也少了往日的自豪。此后一年，子女们都没有回家看过杨阿婆一次，邻居们这才知道，原来是杨阿婆在城里被确诊为肺结核，子女们害怕杨阿婆把病传染给自己的小孩，就不愿意同杨阿婆一起住了，最后给她买了半年的治疗药物就让杨阿婆独自一人回乡下了。渐渐地，子女们和杨阿婆疏远了，逢年过节仅打电话问候一下，从不回家看她。杨阿婆也怕拖累子女，没有提出任何要求，但邻居们明显发现她没有以前爱笑了，还经常独自哭泣。

2　老年人被虐待或被遗弃问题

（1）**什么是虐待老年**
人：故事中的窦婆婆、杨阿婆都
是被子女虐待的老年人，像
他们这样的老年人还有很
多。那什么才是虐待老年
人呢？通常所说的虐待老
年人是指老年人的护理人
员或者其他信任的人对其
造成伤害或引起伤害风险

性增加的行为（无论是故意的还是无意的），或者护理人员
没有满足老年人基本的生活要求或未能保护老年人免受伤
害。虐待老人主要有以下几种形式。

1）躯体虐待：也称肉体虐待，故意使用器物或暴力对老
年人的身体造成损害、创伤、痛苦，如窦婆婆的儿子儿媳对
其拳脚相加。

2）心理虐待：有意通过威胁、恐吓、侮辱、孤立等语言的
或非语言的行为造成老年人精神上和感情上的创伤、痛苦、
恐惧。

3）性虐待：与老年人发生任何形式的非自愿的性接触。

4）经济或物质的剥削：未经认可或授权而使用、占有老
年人的资金、财产及其他资源，如偷窃或滥用老年人的金钱

或财产等。

5)**供养怠慢**：是指成年子女或其他人因故意或疏忽而没有履行好本应承担的照顾老年人的义务和供养责任的行为，导致老年人保持肉体和精神健康所必需的照顾和供养不能得到及时满足。

6)**其他虐待行为**：上述5项行为之外的虐待行为。

研究表明，针对老年人的虐待行为往往不是以一种形式单独出现，而是几种行为同时出现，而且根据每个人所处的环境不同，虐待行为也具有独特性，对老年人的身体、精神和经济等多方面造成了极大的损害。

(2)**什么是遗弃老年人**：所谓遗弃，是指家庭成员中负有赡养义务的一方对于需要赡养的老年人不履行其应尽的义务。这样看来窦婆婆的儿子不仅虐待她，还遗弃她。

(3)**被虐待或遗弃的老年人伴发的情绪问题**：老年人本来就是社会的弱势群体，他们本身就需要更多的关注，在他们被虐待或被遗弃后，相比躯体伤害，心理受到的伤害更加严重。心理上的伤害又以情绪问题为主，主要表现为以下几种情况。

1)**抑郁情绪**：主要表现为悲伤，快感、能量丧失，易疲劳，为被虐待或被遗弃的发生感到无望、无助，食欲下降或体重减轻、入睡困难、早醒，严重者甚至会出现自伤、自杀行为。

2)**焦虑情绪**：老年人常常处于一种紧张、提心吊胆、坐立不安的状态，常常伴有出汗、心慌、坐立不安、气促、气紧等躯体不适,有部分人会因此而于心内科或呼吸内科就诊。

3)**应激性障碍**:主要表现为对被虐待或被遗弃事件的再体验,对被虐待或被遗弃事件的回避,或有普遍性反应迟钝或麻木(在此之前没有这样的情况),以及警觉性增高的症状,如难以入睡或易醒、易发怒、注意力难以集中、过分警觉等。

4)**其他**:除上述情绪问题外的其他症状,如濒死感、失控感、呼吸困难等,也有部分老年人会出现幻觉、妄想等精神病性症状。

(4)被虐待或被遗弃老年人的心理调适:作为被虐待和受被遗弃的对象,在上述事件发生后,老年人可以进行自我心理调适,主要方法如下。

1)**自我放松**:当心情烦闷时,可通过循序渐进的方式自上而下放松全身,或者自我按摩、听一些轻音乐,使自己进入放松状态,然后回想自己曾经愉快的情境,从而消除不良情绪。

2)**自我鼓励**:也就是用生活中的哲理或某些明智的思想来安慰自己,鼓励自己同痛苦和逆境进行斗争。只要能有效地进行自我鼓励,就会感到力量,在痛苦中振作起来。

3)**能量发泄法**:苦恼、忧愁、愤怒等不良情绪均可以通过适当的途径排遣和发泄。消极情绪如不能适当地发泄,容易影响身心健康。所以,该哭的时候应该大哭一场;心烦的时候可以向知心朋友倾诉(如果没有知心朋友,也可以找动物或植物倾诉,甚至可以自言自语);不满的时候发发牢骚;愤怒的时候适当发发火、出出气,或者做一些体力活儿。当被虐待情节严重时还应该进行适当的反抗。

4)暂离困境:当遭受虐待或被遗弃的时候,可选择暂时将烦恼放下,做些自己喜欢的事情,如运动、阅读、唱歌、跳舞等,待心情平和后再重新面对难题,理性思考解决问题的办法。

5)其他:有研究表明,食物可以调节情绪,如全麦面包、巧克力、甜点、香蕉、橙子、葡萄等食物可影响大脑中某些化学物质的产生,从而改善心情。如果自觉不能调节情绪,也可于医院就诊,根据情况进行专业的心理治疗或药物治疗。

(5)可能的社会支持

1)向他人寻求帮助:老年人在被虐待或被遗弃时,除了做自我调适,还应及时向他人(如家属、朋友、社区工作人员等)寻求帮助,必要时可使用法律手段维护自身的合法权益。如老年人被虐待或被遗弃时可首先向自己居住地所在居委会、村委会、原工作单位等部门提出要求,如帮助劝阻、调解等,若劝阻、调解无效,可向当地人民法院提出请求,要求子女赡养自己或者支付赡养费。虐待、遗弃行为严重,已构成犯罪的,可依照有关法律规定,向人民法院提起自诉,紧急情况下还可以拨打110,向警察寻求帮助。

2)来自子女的爱:要使老年人安享晚年,除了物质上的满足外,来自子女精神上的慰藉也是必不可少的。现在较为常见的是独生子女家庭,这使很多子女不太能考虑他人的感受,因此要让子女从小树立赡养老人的观念。和老年人一同居住的子女,要多与老年人沟通,多陪伴、帮助老年人,如一起散步、逛街,主动承担起煮饭、打扫等家务。如果子女与老年人分开居住,则要经常回家看望老年人,在重要的节假日陪伴老年人,平时也要打电话关心老年人。

3) **增加社区关爱**:目前我国很多地方设有社区委员会,这里的工作人员和志愿者会主动发现并帮助社区内需要帮助的人,其中也包括被虐待或被遗弃的老年人。为了杜绝虐待或遗弃老年人事件的发生,社区工作人员和志愿者应加强对老年人的关爱,积极发现问题并帮助协调解决。

4) **向妇联发出求救信号**:除了社区,妇联也是一个可以寻求帮助的机构。当女性权益受到侵害,可以主动向妇联求助。

5) **来自媒体及网络的温暖**:在这个网络信息化时代,我们应该好好利用网络和媒体平台,加强公益宣传和社会监督,以期减

少虐待或遗弃老年人事件的发生。

案 例

**张婆婆和张大爷
的故事**

张婆婆经人介绍带着张大爷来心理卫生中心看病，说是张大爷这段时间情绪不稳定，特别暴躁，动不动就生气，而且食欲较前明显下降，以前特别喜欢出去下棋，现在闭门不出，就像变了个人似的。张婆婆听邻居说这种情况像是抑郁症，所以特地带着张大爷来看看。经过心理医生与张大爷的深入交谈，最后得知事情的起因是老两口儿性生活出现了问题，张大爷生着气呢。后来，经过三次夫妻关系的心理治疗，张大爷完全恢复了正常，老两口儿都非常满意。

3　老年期性问题

随着年龄的增长,老年人的性功能总的来说是逐年下降直至衰退,这是正常的生理现象,但有部分老年人可能是因为没有做好足够的心理准备来适应这些变化,从而出现了一系列情绪问题。

首先,老年期性问题引发的情绪问题最常见的是焦虑情绪。老年男性一旦出现性唤起延迟或是勃起障碍,就开始担心,害怕伴侣得不到性的满足,自己也觉得没面子、懊恼,时间长了就会出现焦虑,甚至害怕进行性行为。老年女性同样由于身体功能的减退,会出现性兴奋延迟、阴道分泌液不足,导致性交时阴道干涩,性生活体验感和满意度下降,看到伴侣没有得到完全的满足,女性同样会出现焦虑、烦躁,甚至愧疚感。其实前面已经谈到,这些变化是身体功能变化的自然现象,夫妻双方完全没有必要为此感到焦虑和苦恼,甚至愧疚,而是应该调整心态,降低期望值,一切顺其自然。

这个年龄段最重要的就是能互相陪伴,如果直接的性交方式出现了问题,不妨采用非直接的性活动方式,如亲吻、拥抱、抚摩、相互倾诉等,满足彼此感情上的需要。双方要多交流彼此的内心感受,让对方了解自己,从而使夫妻生活更和谐,更具包容性。老年人的身体情况存在个体差异,部分性功能保持比较好的男性,可能会担心性生活过多会

"伤肾"，从而出现焦虑反应。要知道性功能的完好保持恰好是身体状态良好的表现，那些老年期仍然保持旺盛的性欲和较高频度性生活的人，多数是心理、身体健康水平不错的人。同时"房事伤肾"的说法并没有科学依据，只要日常活动中不觉得特别疲劳，就完全没必要担心"房事过频"。科学研究表明，良好的、正常的性生活有益于延缓衰老，使人健康长寿。

其次，老年期性问题引发的情绪问题是抑郁情绪。夫妻之间性生活的不和谐长期积累，加上缺乏有效的沟通，部分老年人会引发抑郁情绪，主要表现为情绪低落、兴趣减低、自责自罪，饮食、睡眠差，有的会担心自己患有各种疾病，感到全身多处不适。躯体不适的主诉可涉及各脏器，如恶心、呕吐、心慌、胸闷、出汗等。要避免老年夫妻之间因为性问题而引发抑郁，就要直面彼此与性相关的各种变化，坦然面对，加强沟通，有效减少负面情绪的长期积累。

最后，老年期性问题引发的情绪问题是情绪不稳定。由于夫妻双方在身体、心理方面的差异，也导致双方对性的需求出现差别，处理不好很可能导致情绪问题。如一方的性需求旺盛一些，另外一方可能想休息、避免疲劳，这就可能导致性欲旺盛一方的性需求没有得到完全满足，或是另外一方觉得性生活过得很勉强，从而导致冲突及负性情绪增加，夫妻俩变得焦躁、易怒、无故发脾气等。包容和理解对方才有助于解决问题，夫妻双方在服从自己内心感受的同时,需要从对方的角度考虑并理解对方,做一些力所能及的改变甚至是迁就,才有助于夫妻关系的长期稳定与和谐。

性本来是夫妻之间一种非常美好的、亲密的行为,但我们一定要聪明、智慧地面对它,它才会给我们带来愉悦的体验和幸福的满足感。处理不好,则会给我们带来诸多烦恼。特别是老年人,由于身体、心理的变化,更应该调整、适应,这样才能获得美满的、属于自己的"性福"。

案 例

王大爷的故事

　　王大爷今年 67 岁,因为本身没有什么业余爱好,所以退休之后的晚年生活过得很单一。王大爷患有慢性支气管炎、肺气肿等慢性病,每到冬天都要去医院治疗 1～2 周。但在去年冬天,王大爷觉得全身多处不适、疼痛,视力也大不如前,平时忙于工作的女儿带王大爷去医院进行了检查,结果确诊为白内障。可一个小小的白内障手术做完后,王大爷整个人的精气神大不如前,整日郁郁寡欢,高兴不起来,总觉得自己可能活不了多久。那段时间里,王大爷有时候说自己头晕;有时候说自己腹胀、腹痛,位置还不固定;有时候又说自己心慌,心慌起来觉得生不如死。

　　最近,王大爷在邻居赵大爷的陪同下一起听了某保健品的宣传,在营销人员的极力推荐下,王大爷先后花了

5 000余元买下两盒保健品,据说这两盒保健品不仅能通肠润肠,还可以增强免疫力、清洗血管内的"垃圾",可谓一举多得,包治百病。

服用了这样的保健品,王大爷的病(慢性支气管炎、肺气肿)好了吗?王大爷这种服用保健品的方式可取吗?

4 保健品问题

在我国,保健品是指保健食品,即具有一定功能的食品,特定人群食用,可以起到调节机体功能的作用,但并非以治疗疾病为目的。也就是说,保健食品并不是药品,对于疾病并不具备治疗作用,所以王大爷如果想要依靠服用保健品来治疗自己的慢性病,是不现实的。

像王大爷这样购买保健品的老年人其实非常多,现在我们就来分析一下这种行为背后的原因。

(1)社会因素:我国已经步入老龄化社会,截至2014年底,我国60岁以上老年人口已经达到2.12亿,占总人口的15.5%。老年人都渴望健康长寿,这给医疗保健品市场带来了巨大商机。

(2)心理需求与供需矛盾下的商业逐利:随着我国经济的高速发展,居民经济收入普遍提高,老年人对保健品消费的热情也就自然成为普遍现象。保健品行业被称为朝阳行业,高额的利润使许多商业资本纷纷进入了这一领域。无论从药理学机制还是营养价值上来说,保健品都有其固有的作用,但是在利益的驱使下,不良商家刻意歪曲或夸大保健品的作用、假冒伪劣产品在市场大行其道,这在一定程度上损害了消费者的利益。

(3)个人因素

1)王大爷退休之后,将几乎所有的时间都放在了孙子身上,生活圈子狭窄,对子女的情感依赖愈加明显,不断通过对隔代的照顾与儿女形成更紧密的联系。王大爷年轻的时候拼命赚钱养家,现在老了,在本该享福的年纪却疾病缠身,每年都要去好几次医院。

王大爷购买、服用了保健品后,为什么气色比之前好多了?难道保健品真的能发挥如此神奇的功效?其实王大爷当初的症状归属于精神心理问题,也就是我们常说的老年期焦虑性障碍,主要临床表现为紧张、焦虑不安,常伴有抑郁情绪。另外,虽然经检查未发现器质性问题,但王大爷还是表现出了比较突出的躯体症状,如身体多处不固定性疼痛(腹痛、腹胀等消化道症状)、阵发性心悸等(心血管方面的问题)。王大爷对躯体疾病的过度担心、对死亡的恐惧和焦虑,使他的精神压力过大,引起支配脏器的"传令官"——交感神经系统和副交感神经系统功能紊乱,产生了多种功能、脏器的外显型症状表现。

2)亲情牌在老年人身上最有用,王大爷的朋友曾说过,销售人员经常来老年人家里拜访,不仅和老年人拉家常,而且还送点儿小礼品,给老年人按摩、揉肩,很多老年人自己的子女都做不到。所以面对销售人员推销保健品时,老年人感到不好意思不买。

3)**贪便宜心理**:销售人员推销保健品时,往往还会给老年人一些免费的"福利",比如免费领礼品、促销、打折、甩卖等,这会让老年人觉得既买到了保健品,又能获得额外的好处。

4)**易被高科技所骗**:老年人对高科技辨识度低,销售人员常把保健品包装成某种高科技产品,诱骗老年人。

(4)**家庭因素**:王大爷的家庭结构为典型的 4-2-1 模式,独生女儿,一个外孙。本该享受幸福晚年的他,因为女儿的工作压力大、事情多,照顾外孙的事情大部分落在了王大爷老两口儿身上,王大爷主要负责接送外孙,有时候还负责去菜市场买菜,本来就没有什么兴趣爱好的王大爷晚年生活被安排得满满当当。在照顾外孙的过程中,老两口儿与女儿常常在教育观念上发生冲撞,时常引发两代人的争执,王大爷因此逐渐累积了很多挫败感,各种负性情感的叠加、压抑,逐渐导致他身体上各个系统的不适。加上年龄的增加,身体一日不如一日,这时候保健品对王大爷来说犹如一丝希望,王大爷很容易把这一切情感、希望都寄托在保健品上。

在保健品销售公司偌大的会议室中,各种境遇相同的老年人聚集一堂,他们之间有共同语言,在彼此"转经解惑"的过程中,王大爷的精神心理压力找到了很好的宣泄口。

像王大爷这样的老年人,其行为模式的形成主要可以从以下几个方面解读。

(1)老年人对死亡的恐惧、焦虑: 对于老年人来说,对死亡的恐惧与日俱增,加上躯体疾病导致身体功能大不如前,年龄越大,越易焦虑不安。

(2)老年人情感支撑的缺失: 王大爷年轻的时候一心只想经营好这个家庭,挣更多的钱,让女儿接受更好的教育,这让他忽视了对自己兴趣爱好的培养。王大爷晚年情感孤独,缺乏相应的情感支撑,然而女儿工作繁忙,对其情感上的关注是欠缺的。这个时候保健品销售人员对待王大爷比亲人还亲,这让王大爷情感上更容易接受,压抑的情绪更容易得到安抚。

华西心理卫生系列图书
老年情绪问题患者及家属手册

（3）王大爷会担心女儿发现他购买保健品，这是因为市场上的保健品品质良莠不齐，如果让女儿知道自己购买了不知真假的保健品，可能会被女儿埋怨。

该如何干预像王大爷这样的老年人过分依赖保健品的问题呢？

（1）加强与家中老年人的情感沟通：情感沟通应该贯穿老年人整个老年生活中，家人应该常与老年人坐下来谈心。老年人在家中牵挂更多的是自己的子女，喜欢回忆种种往事。如果子女能抽时间多陪老年人聊天，老年人的精神心理也会更加健康。

(2)**多与老年人分享快乐**：老年人有时候在提出自己的观点时，作为子女应该予以尊重，而不是全盘否定其观点、对其泼冷水。因为每个人都有自尊心，都希望自己的观点可以得到别人重视，这种心理在老年人身上更为明显。

(3)**多关注老年人的躯体症状及精神心理问题**：当老年人出现了躯体症状时，子女应该带其及时寻求专业医生的帮助，若各种检查结果均未发现异常，但老年人的不适症状仍然持续存在，此时应该更多关注精神心理方面的问题。如果老年人真出现了精神心理问题，子女应及时带老年人看专业的心理医生，而不是盲目依赖保健品。

(4)**引导老年人融入社会，发挥余热**：社区服务机构可以通过了解老年人的特长爱好，如绘画、摄影、舞蹈等，组织一些公益活动，为老年人创造更多的社交平台，通过这些活动增强老年人的成就感和价值感。

案 例

杨婆婆的故事

  杨婆婆今年已经 70 多岁了,睡不好觉的问题也持续存在了十多年,最初是因为某一天家人出去买菜,家中被盗,杨婆婆结婚时的金银首饰全部丢失。虽然杨婆婆到辖区派出所报了案,但还是气得不行,一连几天吃不下饭、睡不好觉,从此落下了失眠的病根。以后,凡是夜里稍有响动,或是有不顺心的事,杨婆婆就总是躺在床上翻来覆去睡不着,好不容易迷糊会儿吧,一睁眼,东方已露出了鱼肚白,难熬的一夜就这样在无眠中过去了。数不清有多少个这样的夜晚了,如今的杨婆婆面色憔悴,眼圈发黑,一想到"睡觉"两个字就会紧张得浑身发抖,白天也很紧张、担心,胃口不好,人也瘦了许多。

杨婆婆这种情况是失眠的典型写照,在辗转反侧之间,在整夜无眠之时,失眠的人有过多少痛苦和煎熬? 那么,睡眠是怎样一种生理现象呢?

人的睡眠包括两种状态,即快速眼动睡眠(REM 睡眠)和非快速眼动睡眠(NREM 睡眠)。人入睡后,首先进入非快速眼动睡眠,然后进入快速眼动睡眠,两种睡眠状态每隔80～90 分钟交替一次,一夜交替 4～6 次。老年人的睡眠模式有些变化,主要特点如下:①睡眠在昼夜之间进行重新分配,夜间睡眠减少,相对来说白天容易打瞌睡;②夜间睡眠浅,易惊醒,可有多次短暂的觉醒,夜间有效睡眠时间减少;③部分老年人早睡早醒,表现为睡眠时相提前;④老年人对睡眠 - 觉醒各阶段转变的耐受力较差,调整时差需要花费较长时间。老年人睡眠模式的变化提示睡眠 - 觉醒节律破坏。

大约 90% 以上的老年人会在某一段时间存在失眠和白天睡眠过多的问题,除了因年龄增加而导致生物节律改变引起睡眠变化外,还有哪些因素可影响老年人的睡眠呢?

(1)和老年人睡眠相关的影响因素

1)年龄因素:随着年龄的增加,老年人的生物节律也相应发生变化,从而引起睡眠能力减退,睡眠时相的变化导致主要的睡眠相提前。

2)不良睡眠环境:老年人睡觉较浅,室温过高或过低、环境中噪声过大,这些都会影响他们的睡眠。

3)不良睡眠习惯:一些老年人退休后,白天在家无所事事,很容易躺在沙发或床上打盹儿,导致白天睡眠过多,因而夜晚出现入睡困难。

4)不良饮食习惯:有些老年人喜欢饮用咖啡或浓茶,这些均会引起失眠;饮酒则可能影响睡眠结构,使睡眠变浅,中途多次醒转。

5)躯体疾病:老年人常患有多种躯体疾病,因为疼痛和活动受限,在床上的时间较多,导致睡眠效率降低,逐渐引起睡眠 - 觉醒节律失调。还有些老年人有胃食管反流,易引起喉痉挛,从而影响夜间睡眠。

6)精神疾病:一些老年人患有焦虑性障碍、抑郁症或是阿尔茨海默病,这些也会对睡眠产生影响。

7) **睡眠相关障碍**:有些老年人在睡眠过程中会出现睡眠呼吸暂停,还有些老年人在睡眠中会出现频繁的小腿肌肉抽搐,这两种情况会明显影响老年人的睡眠。

(2) **老年人常见睡眠障碍**:老年失眠者中以入睡困难最常见,其次是睡眠浅和早醒。患者常对失眠产生越来越多的恐惧,及对失眠所致后果过分担心,结果常陷入恶性循环。老年人中常见的睡眠障碍有如下几种。

1) **睡眠肌阵挛综合征和不宁腿综合征**:这是常见于老年人的与睡眠有关的神经肌肉功能障碍。

★**睡眠肌阵挛综合征**:夜间睡眠时小腿肌肉不停地抽搐,以小腿前部明显。一般每隔 20～40 秒钟发作一次,每晚连续发作 5 分钟到 2 小时不等。发作期多数患者会因此而醒来,导致患者不能保持良好的持续睡眠。

★**不宁腿综合征**:发生于患者觉醒且全身肌肉松弛之时,一般在就寝之后睡着以前发生,这时小腿深部肌肉产生一种难以言传的极不舒服的感觉,患者非得不停地活动腿部或下床行走才能缓解,从而影响睡眠。原因可能是主管运动的神经细胞"失灵"或局部血流不畅,这些主要由糖尿病、缺乏 B 族维生素等引起。

2) **睡眠呼吸暂停综合征**:是指在睡眠过程中呼吸突然停止,在发作前后均有明显的打鼾,响亮而不规则的鼾声提示有睡眠呼吸暂停的存在。除此之外,睡眠呼吸暂停综合征还伴有以下症状:①夜间多次醒来,白天打瞌睡;②注意力不集中,焦虑或抑郁、情绪不稳定,入睡前有幻觉或刚醒来时意识不甚清楚;③明显肥胖,夜间汗多、心律失常,有的人可出现头痛、恶心。

3) 继发于躯体疾病的睡眠问题:老年人由于机体的老化,抵抗力下降,易患各种躯体疾病。由于手术及其他疼痛综合征常常破坏他们的睡眠节律,心脏疾病、呼吸系统疾病和神经系统疾病影响睡眠时的呼吸,这些都会导致老年人夜间频频醒来。另外,由于老年人夜间常常需要服药或输液,这也会打断睡眠。长时间卧床也易引起睡眠 - 觉醒节律紊乱,进而影响睡眠。

4) 继发于精神疾病的睡眠问题:老年期抑郁症患者的睡眠更浅、睡眠时间更短,以入睡困难和早醒为明显。阿尔茨海默病患者也有睡眠障碍,其特点是白天嗜觉或夜间多次醒来,有些患者甚至会出现日落综合征,即每到傍晚或夜间精神症状加重,情绪激动、烦躁,甚至有错觉、幻觉或行为异常,明显影响夜间睡眠。

5) 持续性心理生理性失眠:老年人退休后,经济条件、社会地位及生活习惯都发生了改变,如遇到空巢或丧偶问题,常给他们带来负性心理刺激,产生明显的失落感,导致睡眠障碍,若未及时纠正,则可导致持续性心理生理性失眠。

6) 与物质及药物有关的睡眠问题:有些老年人喜欢饮用咖啡、浓茶、酒或含咖啡因的饮料,这些物质可干扰睡眠结构,使睡眠变浅,中途多次醒来,并且有明显的早醒表现,睡眠质量和时长明显下降。

另外,由于老年人常患有各种躯体疾病,需要服用多种药物,部分药物(如抗高血压药、抗帕金森病药、激素类药物及支气管扩张药等)可引起睡眠障碍。

(3)老年人常见睡眠障碍的治疗:一般来说,按照本文介绍的有关病因,治疗可从如下几方面入手。

1)治疗原发疾病:积极治疗原发病是改善睡眠的有效手段。对所有以睡眠障碍为主诉的老年患者,建议家属带其到医院进行详细的体格检查和精神检查,以免遗漏原发疾病。

2)药物治疗:短期使用镇静催眠药有助于减轻暂时性失眠,长期使用可导致依赖和认知功能受损,停药后会使失眠加重,因此应尽量避免长期使用,并要注意药物的相互作用和不良反应,用药量宜小(相当于成人剂量的 1/3~1/2)。常用的镇静催眠药主要有:①非苯二氮䓬类:对于老年患者,应该尽量选用半衰期较短的药物,如唑吡坦、佐匹克隆、右佐匹克隆等,但是有部分老年人用药后可能出现入睡前幻觉,建议慎用;②苯二氮䓬类:这是使用最为广泛的镇静催眠药,但该类药物可加重睡眠呼吸暂停,因此睡眠中有不规则响亮打鼾的老年人最好不用,该类药物还会增加跌倒的风险;③其他类:可使用小剂量的抗抑郁药,如曲唑酮或中成药,因为它们的镇静作用较苯二氮䓬类药物弱,且不易引起依赖及戒断综合征,可用于睡眠呼吸暂停患者。

3) **心理治疗**:多数情况下,失眠与心理因素有关。老年人常遭受各种负性生活事件,易引起心理冲突,导致生理警觉性升高,从而引起失眠。如果不能及时消除这些刺激因素,失眠会延续下去。随着时间的推移,环境中一些无关因素也会变成失眠的刺激条件,使原有的失眠更加顽固。

适于睡眠问题的心理治疗有如下几种。

★**支持性心理治疗**:主要是向失眠患者解释失眠的性质,宣讲睡眠卫生知识,并适时予以安慰、关心和鼓励,消除患者的顾虑,稳定其情绪。

★**行为治疗**:人类的行为是通过学习获得的,因此也可以通过学习进行改造。①松弛治疗:通过全身肌肉的松弛,达到身心松弛,使神经系统的活动朝着有利于睡眠的方向转化,诱导睡眠的产生。常用的有闭目沉思训练(即闭目静坐、均匀呼吸、气沉丹田)、想象性松弛训练(安静平卧,呼吸变深、变慢,逐渐放松全身各部位肌肉,并自由想象大海、草地等轻松的场景)。在临睡前进行这样的松弛训练可使警醒水平下降,缩短入睡时间,达到改善睡眠的目的。②刺激控制治疗:原理是使卧室里的各种刺激重新与迅速入睡建立条件联系,把床当成只供睡眠的专用场所,不躺在床上看书读报、看电视、听广播等;真正想睡时才能上床,上床后如不能很快入睡,应立即起床,等再有睡意时才上床;白天决不上床睡觉;设置闹钟,定时起床,养成良好的睡眠习惯。

★**人际关系治疗**：大多数导致失眠的心理冲突与紧张的人际关系有关，因此帮助失眠者提高人际交往技能，学会正确处理人际关系的方法，能起到正本清源的作用。通过治疗，改善夫妻关系、家庭关系，去掉失眠的心理因素，对改善睡眠具有积极作用。

（况伟宏　吴建桦　彭祖贵　祝喜福　龙江

王雪　杨君兰　伏瑕）

55检